GENERAL
EDUCATION
READING
BOOK

美国通识教育课外读本

Easy！
给孩子讲环境

[美] 迈克尔·德里斯科尔 & 丹尼斯·德里斯科尔 著

[美] 梅瑞迪斯·汉密尔顿 绘

苏笑怡 译

献给亚伦，献给露西的小弟弟或小妹妹。

——迈克尔·德里斯科尔，丹尼斯·德里斯科尔

献给奥斯丁、玛戈与希丽亚。

——梅瑞迪斯·汉密尔顿

长江出版传媒　长江少年儿童出版社

导　读

刘　兵

　　如今，"环境保护"这个词，已经差不多可以说是家喻户晓了。但是，看看我们周边的环境，再看看我们身边大多数人以及我们自己的生活方式，就会发现，环境保护观念的传播和人们对这一观念的接受，其实还差得很远很远，远没有达到理想的状态。

　　正是因为这种情形，从未成年人抓起进行有效的环境教育，依然有着重要的现实意义。但是，要进行有效的环境教育，而不是那种仅仅追求形式的环境教育，就需要有优秀的教本，其内容应该能够真正地吸引少年读者，而不是让他们感觉在说教。然而，要做到可读、有趣、有益，却并不是一件容易的事。

　　本书就恰恰是一本符合以上标准的好书。

　　在本书中，作者以水、陆地和空气这几个为大主题，介绍了与之相关的各种动物、植物、资源以及它们与我们的关系。在介绍这些有趣的知识时，采用的是适合于少年儿童的方式，非常通俗易懂，带有对自然界的美好的欣赏与博物情怀。并且不只是为了知识的传播而介绍，更是以环境保护作为其中的核心线索和目标。用作者的话来说，就是："我们将要学习环境如何帮助我们以及我们应该如何保护环境——首先，我们需要了解这些变化通过何种方式发生在我们身边；然后，我们会一起去探索为了拥有一个更美好的星球所可以做到的事情。"

　　书中分这样几个大的主题版块来介绍相关的各种知识，表面上似乎有些随意，作者似乎是信手拈来，想到什么就讲什么，其实这种讲述方式背后是有着作者的逻辑的。首先，此书在不同的主题版块中介绍的知识是与水、陆地、空气这几个主题相关的，在认知上比较直观，是为少年儿童读者感兴趣并易于为他们所接受的知识；在介绍这些知识的同时，作者还特别强调在现实中存在的问题和种种危机，以及这些危

机与人类活动的关系（尤其是在"拯救地球"的小栏目中）。其次，这些知识大部分与人们的日常生活有着比较密切的关系，因而会让读者有亲切感而不是那么抽象化和陌生。再次，在这些知识的介绍中，体现出较强的博物学倾向，有利于培养少年儿童读者亲近自然、热爱自然的情感。最后，作为书中重要内容的"小小探索家""从我做起"等栏目，引导小读者亲自动手做实验，亲身体验并身体力行地学习那些与知识内容和环保生活方式相关的内容。

　　最后这一点尤其重要。因为现在人们已经有某种共识，知道对于地球环境的保护其实是与我们每一个人的生活方式相关的，是与我们每天日常生活中的许多随手可做的"小事"相关的。只有让我们的孩子从小就注重环保意识的培养，注重对日常生活中环保的生活习惯的培养，让每一个人都选择有利于环境保护的生活方式，我们目前已经面临严重危机的环境才有可能恢复到适合于人类生存的状态，人类才有可能继续在地球上生存下去，才有可能实现可持续发展，人类的未来也才会有希望。

　　我们社会的延续和发展需要科普，但在面向不同年龄段人群的科普读物中，面向少年儿童的科普是最为重要和关键的。因为未成年时期的学习对成年后更长时间的生活影响更为深远，而在面向少年儿童的各种类型、各种内容的科普中，环境保护方面的科普又更具有突出的重要性，这种重要性甚至远远超过那些纯知识性的科普。因为，只有我们生活于地球上的环境得到保护，人类才可能在地球上继续生存，对于更多知识的学习和基于这些知识的发展才有了必要的基础和前提。

　　把这样重要的科普内容，以孩子喜爱的方式呈现出来，本书的做法是相当成功的。无论是书中内容的选择

与文字的通俗性、可读性，还是书中绘图风格与少年儿童读者欣赏习惯的内容，都是本书极有特色的地方。

相信这样一本环境保护的科普书会受到孩子和家长的喜爱！

关于本文作者

刘兵，清华大学社会科学学院科学技术与社会研究所教授，博士生导师，中国科协—清华大学科技传播与普及研究中心主任，中国科学技术史学会常务理事，上海交通大学等多所高校兼职教授。科学史理论家，科学传播研究学者，著名"科学文化人"之一。曾在英国剑桥李约瑟研究所作高级访问学者，曾作为高级访问学者在美国加州大学圣巴巴拉校区从事超导物理学史与政策方面的研究工作，并曾受匈牙利中欧大学全额资助，到布达佩斯参加"经济与环境伦理学"高级培训项目。主要研究领域为科学史与科学哲学，兼及科学文化与传播等方向。出版有《克丽奥眼中的科学》等四部专著、《看不见的舞台》等四部科学史普及著作、《刘兵自然集》等六部个人文集，《正直者的困惑》等七部译著，发表学术论文 120 余篇，其他文章 400 余篇，主编有"科学大师传记丛书"等多种丛书。

2016 年 10 月 16 日，于北京清华大学荷清苑

目 录

我们精彩的世界

我们生活的陆地

我们周围的空气

世界属于我们

我们精彩的世界

你有没有这样的经历——在一个美好的早晨，走到户外，太阳闪耀着光芒，微风轻轻吹拂，花儿盛开，鸟儿歌唱，眼前的一切让你不禁开始思考这些围绕身边的美妙事物。

也许你早就听说过关于鲜花和小鸟彼此依存的说法，但是你并不确切地知道那是为什么。事实上，地球上所有的一切——鲜花和小鸟，以及微风——都通过重要的方式紧密相联。

我是德里斯科尔教授，从现在起我就是你们的向导，帮助你们去探索和发现我们所生活的环境——所有围绕在我们身边的事物以及它们之间的相互关联。

我们将要学习地球上的海洋和在海洋里生活的动物们；我们将要探索陆地上的城市、农场、沙漠和热带雨林；我们将要研究围绕在我们身边的空气和那些由空气带来的有趣事物（比如龙卷风）。当然，这些都只是一个开始。

我们将要学习环境如何帮助我们以及我们应该如何保护环境。首先，我们需要了解这些变化通过何种方式发生在我们身边；然后，我们会一起去探索为了拥有一个更美好的星球，我们可以做到的事情。

如果这些学习听起来有那么一点点无聊，请不要担心！最有效的学习方法之一就是我们亲自动手去实践，这本书里有很多有趣的活动可以供大家尝试。迈克尔——我的儿子，一位初露头角的科学家，已经想出很多可以供大家在家里或学校去探索的实验。他也会在"从我做起"和"拯救地球"两个部分为大家进一步演示如何变成一位环境专家。

在这本书的最后，我们特意为你设计了系列环保小贴纸，用来提醒你和你的朋友及家人应该如何节约能源和保护地球。

还有一件事情：这本书中所有的新词和难度稍大的词语都被标注成了黑体，以提示大家可以通过查找书中"智者之词"部分来理解它们的含义。

好了，就先讲到这里，让我们开始精彩的探索世界之旅吧！

无处不在的水

一位有名的诗人曾经说过,"水,水,充满了整个世界……",他的话是对的。也许你并不觉得,但是水确实充溢着所有空间,尽管我们有时看不见它或感觉不到它的存在。水的存在有三种方式:作为液体的水(就是我们通常想到的"水");作为气体的水(水蒸气);还有固体的水(冰)。

我们可以在大海、湖泊和河流里发现液体的水。我们也可以在雨滴中发现液体的水——还有那些藏在云层里的细小水滴,当我们看着云时,其实我们看到的是数十亿的细小水滴。

水作为水蒸气存在于大气层。大气层就是围绕在地球表面的气体，它是一种隐形的气体。事实上，所有组成大气层的气体都是不可见的，如果没有水蒸气我们就什么都无法看到了。

冰可以在非常寒冷的地方看到，比如在极地可以看到冰层，又如在寒冷的地方，冬天可以看到雪花和冰柱。

蒸发和凝结

水可以从一种形式变化为另一种形式：从固体到液体，到气体，也可以再变化回去。也许你已经知道，水从液体变成固体的过程叫作凝固，就像你把水放进冰盘里制造出冰块一样。

水从液体变为气体，这个过程叫作蒸发。而当水从气体变为液体的时候就叫作凝结。

这可以解释在一个温暖的午后，你会看到冰淇淋慢慢消失。当水被加热的时候，它会变成气体。因此冰淇淋就一点一点地消失不见了。

凝结和这一个过程正好相反。想象自己拿着一个装满了冰镇饮料的玻璃杯，你注意过杯子外面形成的水珠吗？寒冷的玻璃杯表面冷却了周围的空气，使得围绕在周围的水蒸气从气体变成了玻璃杯外面的小水滴。

同样的道理，空气和空气里面的水蒸气在慢慢远离地球表面的过程中逐渐冷却。如果水蒸气在升高的过程中达到足够的冷却度，它就会变成水滴，形成我们可以看见的天空中的云。

拯救地球！

漏水的水龙头每天会浪费76升的水！如果你看到水龙头没有拧紧，问问父母可不可以帮忙解决。

11

咸咸的海洋

地球表面的 71% 被水覆盖，主要是液体的水，也包括一些冰。几乎所有的水都聚集在地球上的几大主要海洋里：大西洋、太平洋、北冰洋和印度洋。

地球上所有的水——不论存在于湖泊、海洋，还是河流里，都含有一定的盐分，但是海洋中的水含盐量最高。这是为什么呢？

当海洋里的水蒸发变成水蒸气的时候，盐分就被留了下来；水蒸气会凝结成云中的水滴，随后会变作雨（或者是雪，如果足够寒冷的话），并以淡水的形式重新回到地面。

水在通过地面流入湖泊、河流和小溪的过程中，会从地面吸收少量的盐分。然后，淡水会携带着它从陆地上吸收的少量盐分，重新经由河流和溪流回到海洋。因此，海洋会慢慢变得越来越咸，就如同你的储蓄罐被你每次放的零钱慢慢填满一样。（只要你没有把里面的钱取出去！）

去除盐分！

把海水中的盐分去除掉不只是水手需要做的事情。很多城市，比如美国佛罗里达州的坦帕市，就采用这个方法向市民提供淡水。

那里有
好多水啊！

小小探索家

从盐水中去除盐分

你曾经想过该如何把盐从盐水中去除掉，从而喝到安全的水吗？海洋里充满了盐，如果饮用海水你就会生病。科学家们已经找到了一种方法，帮助大家把咸咸的盐水转化成可以喝的水。你也可以在家里亲手试验一下。

你需要准备这些

- 两杯（500毫升）自来水
- 半汤匙（2.5克）盐
- 一个大碗
- 一个比大碗浅的玻璃杯
- 塑料膜
- 塑料布
- 胶带
- 一枚硬币

1. 将两杯自来水盛在一个容器里，把盐加到自来水里，搅拌使盐完全溶化。
2. 将空玻璃杯放在大碗中间。确保杯顶比碗沿低一些。
3. 把放了盐的自来水倒入碗里，注意不要倒进玻璃杯里。
4. 用塑料膜把碗盖住。用胶条密封好。
5. 把硬币放在塑料膜的中央，正好位于玻璃杯上方。
6. 将碗放在可以受到阳光直射的地方，一周不要移动。

7. 一周之后把塑料膜撕掉，尝一点儿杯子里的水。完全没有盐！

到底发生了什么？秘密就是蒸发！在太阳加热的时候，水开始变成气体，将盐分留了下来。气体越升越高，直到它碰到塑料膜又变成水滴。水滴滑到了中央（由于硬币的缘故），然后滴到了杯子里，水滴在杯子里逐渐聚集，因此，水杯里面没有一点儿盐。

你知道每个海洋的不同吗?

我们总以为海洋都是一样的，但其实并非如此。每个海洋的盐度（海水的含盐量）都是不同的。另一个不同是海洋的温度，有的地方的海洋更温暖一些。有的海洋比其他的海洋更深，在那里生活的植物和动物也会有所不同。海洋表面海水的运动方式，也就是所谓的洋流，也都不尽相同。

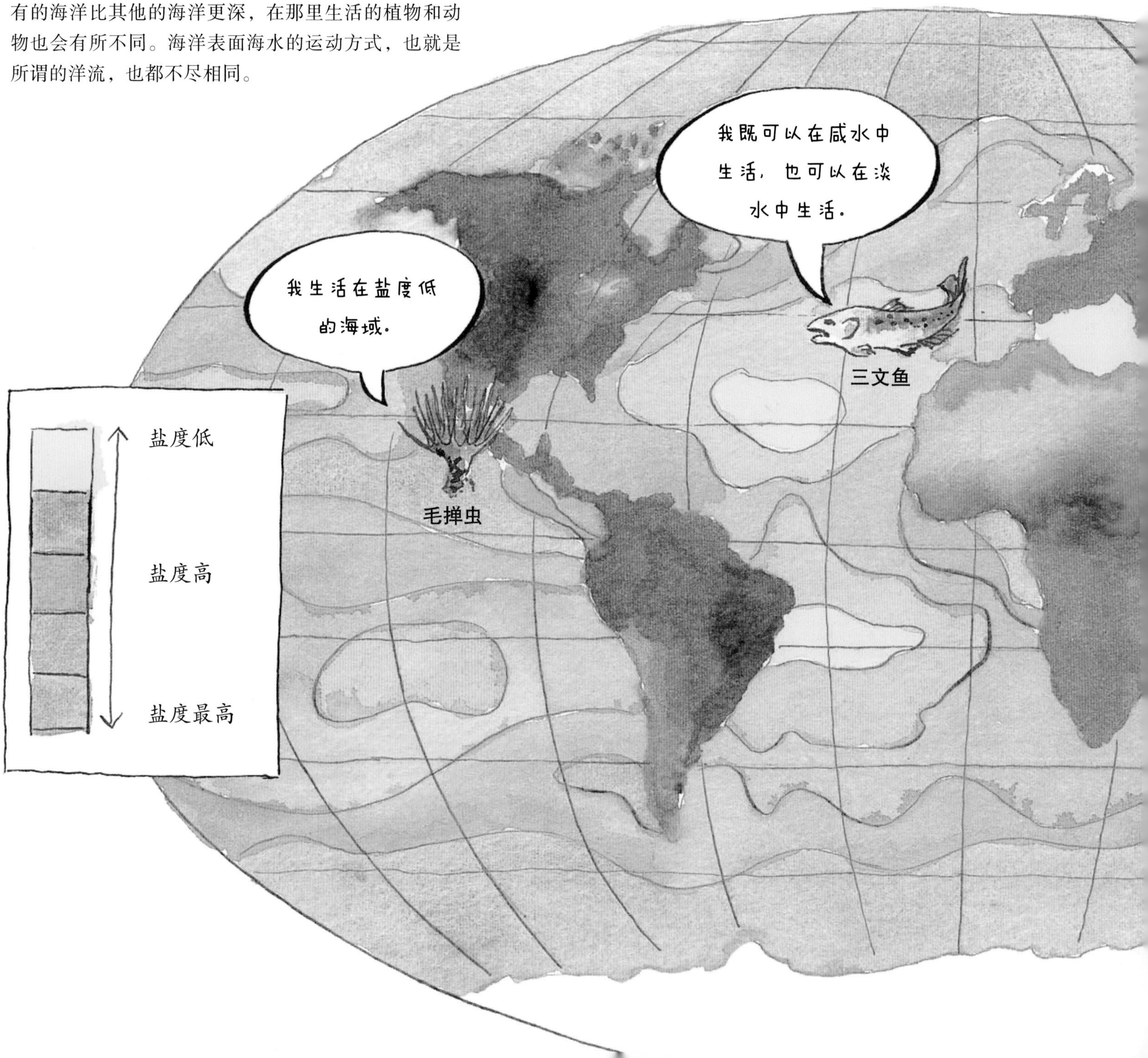

我既可以在咸水中生活，也可以在淡水中生活。

三文鱼

我生活在盐度低的海域。

毛掸虫

盐度低

盐度高

盐度最高

珠穆朗玛峰

帝国大厦

马里亚纳海沟

通常来说，随着逐渐远离海岸线，海洋会变得越来越深。我们用海平面作为对比来确定海水的深度。海平面就是海水抵达海岸的地方。（山的高度也是用海平面作为对比进行测量的。）

地球上最深的地方位于西太平洋海域，离日本很近，那里被称作马里亚纳海沟，足足有6.8英里（10.9千米）深！那是什么概念呢？从海沟底部到水的表面距离，就相当于我们把29个帝国大厦叠在一起的高度。与之对应，地球上最高的地方是珠穆朗玛峰，它有5.5英里（8.8千米）高。

海龟

盐度非常高的海域最利于龟寻找食物。

大自然的暖气

海底温泉帮助那里的动物生存。从这些"通气孔"里排出的矿物质养活了蠕虫——而蠕虫又是其他动物赖以生存的食物。

纬度，以度衡量，用以辨别一个地方距离赤道有多远。高纬度地方的水（离南极和北极较近）通常比低纬度地方的水（离赤道较近）更加寒冷。

水的温度也随着深度而变化。

最靠近表面的水最温暖，它们被叫作阳光区；在它们下面，有一个区域被叫作暮光区，只有很少一部分阳光可以照射到那里，水温也低一些；距离海洋底部最近的地方叫作午夜区，那里没有一点儿阳光，水的温度非常低——几乎达到冰点！

阳光区

暮光区

给这里一点儿光啊……

午夜区

节约水资源！

当海平面不断上升，淡水资源不断枯竭的时候，我们可以贡献出自己的力量，开始在生活中尽量少用水——比如在我们刷牙的时候。如果你总是在洗浅色衣物时忘记关上水龙头，那么大概会有 32 升的水白白流走；如果你仅仅是用水将牙刷浸湿，使用之后再将它清洗干净，而不是一直打开水龙头，你可以将用水节省到 2 升之内。

其他节省水资源的方法：

● 缩短冲澡时间。

● 提醒爸爸在刮胡子时不要一直开着水龙头，而是将面盆注满，使用面盆里的水，之后再将面盆里的水倒掉。

● 请父母在马桶水箱里放入一块砖头。这个方法可以减少每次马桶冲水使用的水量。

● 检查家里的水龙头是否有漏水的情况。如果有的话，请告诉父母，这样他们可以把水龙头全部拧紧。

● 你的父母每天都为草坪和花朵浇水吗？请他们将一周浇水的次数减少几次，而让雨水来帮助他们完成剩下的工作。（有的社区实施了特殊的浇水时间表，人们可以按照自己名字的首字母来安排时间，比如第一天 A 到 M 浇水；第二天 N 到 Z 浇水。真是一个好办法！）

你能想出其他节省水资源的方法吗？

我们不断变化的地球：
上升的海平面

关于全球变暖的话题，估计你已经有所耳闻（一会儿你会读到更多）。全球变暖使高纬度地区以及高山上的冰融化。这意味着更多的水会流入海洋，使海平面上升——和你泡澡时将太多的水注入水池的道理一样。

你可以这样想：以前如果去海边，从停车场到海边需要走 100 步。如果海平面上升，有一天你只需要走 50 步就可以到达海边。你可能会说，这没什么大不了的啊。但是，很多城市距海岸线非常近，不断上升的海平面意味着这些城市的一部分，比如纽约、洛杉矶和悉尼，有一天将会被水淹没。如果全球变暖持续，很多人会为未来的前景而担忧，并且开始思索如何才能阻止或减缓全球变暖的速度。（在本书的后面，你会发现很多我们力所能及的事情！）

地球变暖之后海滨的房子

水世界

在我们的星球上，可以发现超过 20 亿种的植物和动物物种（拥有特定相似性的一组植物或者动物被认为是相同的物种）。水里的世界，无论是淡水还是盐水，都充满了种类数量惊人的生命——从生长在湖边的香蒲属植物，到在大海里遨游的巨大鲸鱼，甚至还有很多我们目前没有发现的生命形式。

湖泊、河流和其他淡水水域是数以千计的植物和动物生活的家园，有 40% 的鱼类品种在淡水中生活。

香蒲属植物，是一种很高很细的植物，底部有一个毛茸茸的尖。它通常生长在湖泊或者其他潮湿的地方。

青蛙是两栖动物。大部分两栖动物都诞生在水里，长大后迁移到干燥的陆地上生活。温暖的时候，树蛙的大部分时间都在树上度过；而在寒冷的时候，它就钻进植物丛里生活。非常聪明哦！

鲇鱼嘴边有长长的胡须子，像猫一样的须子。鲇鱼是用鳃呼吸的冷血动物。鲇鱼并不挑食，几乎能找到什么就吃什么，无论是植物还是动物。

如果一种动物是恒温动物，它就可以在需要的时候储存或者释放身体的热量，就像我们会出汗来使自己降温一样。冷血动物会随着周围的环境而改变体温，因此，当周围太冷或者太热的时候，它们必须迁移到其他地方去。比如，蛇会到阳光下取暖，或是盘踞在岩石下使自己变得凉快。

你能分辨出下面的动物哪些是恒温动物？哪些是冷血动物吗？
（答案在本页下方）

蜥蜴　　可卡犬　　大象　　眼镜蛇　　黑猩猩　　甲鱼

短吻鳄有 60～80 颗牙齿，它们可以成长到 20 英尺（6 米）的长度！短吻鳄是一种爬行动物，它们是冷血的，皮肤上长满了鳞片或者坚硬的盔甲。它们和我们一样是用肺来呼吸的。

白鹭生活在湖泊和河流边。作为鸟类，它们有羽毛和喙，会生蛋。白鹭的长腿使得它们可以在浅水中涉水行走，它们会用自己锐利的尖喙来捕鱼。

海牛生活在大西洋的暖水海域，可以在流向大西洋的河流和大西洋的海湾中找到。虽然它们借助于桨状的脚蹼游泳，比起海豚或者鲸鱼，实际上它们反而更接近于大象。海牛属于哺乳动物，它们是恒温动物，给后代哺乳，就像猫狗和人类一样。

海洋，是千姿百态生命的家园。从我们在海岸边收集的海星，到潜伏在寒冷黑暗海底的神秘无眼生物，很多生物看起来非常的奇怪或是丑陋，也有很多生物异样的美丽。所有这些，对于星球上生命的微妙平衡都起着至关重要的作用。无论是在珊瑚礁上浮潜，还是在网页上浏览图片，每一个人都会感叹于海洋动植物的奇迹存在。它们是值得被保护的重要资源。

啊……我一个人在大海上……

生长在岸边的生物

章鱼是一种软体动物，它们没有脊椎的身体相当柔软。它们有大大的眼睛和8条触手，这就是它们名字（octopus）的由来——"octo-"代表8。与蚌之类的软体动物不同，章鱼不生活在硬壳里。

蝠鲼是生活在温水里的鱼类，它们在水里通过摆动像翅膀一样的鱼鳍游泳。作为蝠鲼的一种，巨蝠鲼可以达到23英尺（将近8米）宽。但是不要被它吓到，巨蝠鲼通常不会伤害人类。

天然海绵可能看起来像是植物，但它们实际上是十分简单的动物。它们通过用身体作为水泵，然后从汲取的水中捕获食物生存。很多海绵被用来作为清洁的工具，但是你在家里找到的海绵很可能并不是真正的天然海绵。

海洋是众多海草的家园，海草生长在海底就像花草生长在陆地上一样。海底有很多不同种类的海草，它们为包括人类在内的很多生物提供食物。

她什么也不懂！

海龟是一种爬行动物，与你在自家后院和在森林远足时遇到的乌龟很像，但是海龟更大一些：它们中有的身长能达到9英尺（近3米）以上！它们的腿像是大号的船桨；用这样的腿游泳，游过300英里（483千米）的距离仅需要10天。

开放的大海

大白鲨可以长到20英尺（6米）的长度。它巨大的嘴里长满了一排排的利齿，用来将猎物撕碎，包括海豹和海狮。

蓝鲸也许看起来像是巨大无比的鱼，但它实际上是一种哺乳动物。它是地球上最大的动物，比最大的恐龙还要大！它的长度可以达到100英尺（30米）以上，超过100吨重。蓝鲸有一个超级大的胃，但它却只吃非常小的浮游生物，以及水上漂浮的微小植物和动物。

长相吓人的琵琶鱼生活在黑暗的大海深处，它们挂在嘴前方的特殊鱼鳍会发出闪亮的光芒！当其他鱼类被光吸引过来时，就会被琵琶鱼迅速吞吃掉。

21

我们变化中的地球：濒危物种

我们已经知道，地球上有数百万种动植物。但是地球在不断地变化，有些是自然变化，例如千百万年以来的全球变暖与变冷；有些则是人为变化，例如在昔日花草繁衍的地方建起都市，又如汽车的使用，能够改变我们周围的空气环境。

这些变化有时会导致某些物种的整体死亡，即灭绝。很久以前，恐龙就是在自然变化中灭绝的。但许多的植物与动物，则是由于我们人类的所作所为而灭绝或几近灭绝。

但是，这世界上也不全是坏消息。最近几年，人们在某些动物灭绝之前开始进行拯救活动，比如对于秃鹰的保护。

在北美，曾经生活着近 5000 万头美洲野牛，也叫水牛。但是，美洲的定居者几乎将它们斩尽杀绝，只有一千多头幸存。现如今，在野外生存的美洲野牛已经不复存在，只剩下少数由牧场主和科学家安全地饲养在圈中。

由于捕猎和失去栖息地（动物生存的地方）以及其他各种原因，到 20 世纪 60 年代，在美国大陆上（除去阿拉斯加和夏威夷之外的所有州）只有 417 只秃鹰生存。环境保护主义者——那些帮助保护、救助动植物和其他自然资源的人们——开始加入保护秃鹰的行列。到 2007 年，成对栖息的秃鹰数量已经增加到了 10000 只。

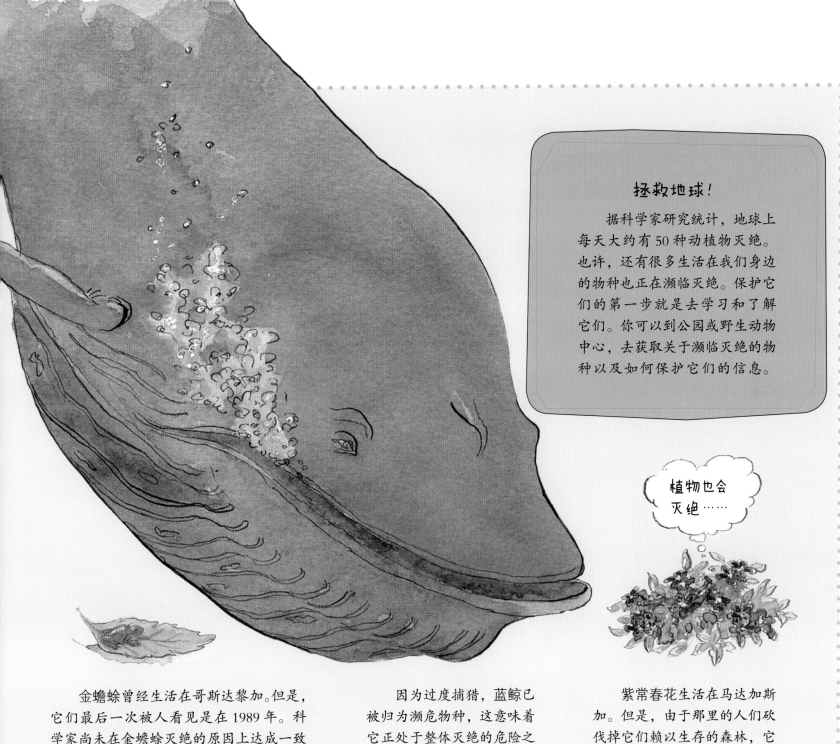

植物也会灭绝……

金蟾蜍曾经生活在哥斯达黎加。但是，它们最后一次被人看见是在 1989 年。科学家尚未在金蟾蜍灭绝的原因上达成一致意见：有一些人认为是城市化剥夺了它们的栖息地所致，另一些人则将原因归结于地球的变暖，也有一些人认为，金蟾蜍在地球上的生存历史是被其他动物抹掉的。

因为过度捕猎，蓝鲸已被归为濒危物种，这意味着它正处于整体灭绝的危险之中。自从保护蓝鲸的法律条款被逐渐设定和执行，蓝鲸的数量正在逐步增加。我们是可以有所作为的。

紫常春花生活在马达加斯加。但是，由于那里的人们砍伐掉它们赖以生存的森林，它们已经逐渐消失了。紫常春花是一种可以用于癌症治疗的植物，现在你知道我们保护它们以及其他物种的重要性了。

大多数人在打开水龙头的时候都不曾想过这些问题：自来水是从哪里来的？下水管道又通向何方？

与我们之前了解到的一样，唯一适合人类饮用的水是淡水。所以，所有从管道里流过的水一定都来自于淡水资源，无论是地表水还是地下水。地表水是暴露在空气中、流淌在地球表面的水，比如湖泊和河流；地下水是可以从地面下方区域采集到的水，这些区域被称作含水层。

可以饮用了。有时，水被储存在高大的水塔里以便在我们需要时派上用场。

那么，当我们刷完牙并把水冲去下水管道后会发生什么事情呢？水经由家里的管道，进入社区的污水系统，再流进污水处理站；在那里它被再次净化，包括：利用滤网滤掉大的物体，利用化学物质和细菌去除小的东西。当水被净化之后，它被重新排放到我们的湖泊，河流以及其他净水资源中，以便将来的某一天，它可以再次回到我们的水龙头中。

雨水

河流

沿着小河划啊划

过滤站

含水层

管道

自来水系统中经常会加入一种被称为氟化物的化学物质以预防蛀牙，因此每次喝水的时候，都相当于刷了一次牙！（仅仅是稍微地刷了一下，你还是需要经常刷牙的。）

地表水和地下水通过管道和水泵被引向过滤站，在那里去除泥土和其他微小颗粒，同时加入一些有用的化学成分以进一步净化。当净化过程完成时，水就

我这里有一个简单有趣的办法，可以帮你判断你是不是在淋浴时使用了过多的水。

你需要准备这些

- 一个容积为1升的空牛奶盒
- 一块表

1. 打开牛奶盒的顶部以便可以轻松注入清水。
2. 站在淋浴喷头下，以正常水量打开水龙头。（你可以选择穿一件泳衣从而避免把衣服淋湿，也可以选择在你平时淋浴的时间来做这个实验。）

3. 在淋浴喷头下面坚持举起牛奶盒10秒钟。如果你有一块防水手表，可以自己计数，或者你可以让其他人在淋浴外面帮助计时。如果牛奶盒在10秒之内被水灌满了，你的喷头就是洒出了过多的水，而你也正在浪费宝贵的自然资源。你可以利用一个特殊的"慢速"喷头，它可以把水和空气混合在一起达到几乎相同的水压，而用水量却大量减少。或者你也可以调小水龙头出水量。

只要可以保护环境，我可以做任何事情！

跟着水流向前去

♪ 我在洗澡扑通通！

水塔

你的水龙头

能源必需品

很难想象，就在几百年前，我们所知道的能源还都不存在：那时没有路灯，没有汽车，没有空调，也没有壁炉，甚至没有电吉他！大多数的人们都在破晓时分起床，日落之后回家睡觉。因为一到晚上就漆黑一片，什么都看不到了，做任何事情都需要借助蜡烛或油灯。

但是当科学家们开始在光学领域里取得成就，这一切全都改变了。光是一种由带电粒子制造的能源，在 1879 年托马斯·爱迪生发明了我们日常使用的灯泡，几年后他建造了第一个中央发电站，用能源网络将能源送到千家万户，使得家家灯火辉煌。

自从电被发现利用，人类就不断地在索取更多的电。地球上人口逐渐膨胀，使得对电的需求日益加剧，并且逐渐发展出多种多样的电能用途。但是电能也有源头，制造出足够的能源以满足每一个人的需求是一个巨大的挑战。

1840 年晚饭之后的歌曲联欢

今天晚饭之后的歌曲联欢

拯救地球！

你知道吗？当 1 加仑（4 升）的颜料渗入地面，它会污染 250 000 加仑（100 万升）的饮用水。这就是为什么我们要倍加小心，不要让化学物质洒在地面上，那些物质会渗入我们的地下水。当我们必须要处理掉可能会污染环境的液体颜料时，一定要严格遵照包装上的说明——为了尽量做得更好，我们也可以寻求大人的帮助。

供给人类的能源

还有一种能源（我们会在之后学习）叫作水电，是利用水流发电；就像位于美国亚利桑那州和内华达州边界的胡佛大坝一样，人们建造大坝用于控制河水流量。当允许水流穿过大坝，水流的力量可以启动被称作发电机的特殊机器，从而制造能源。

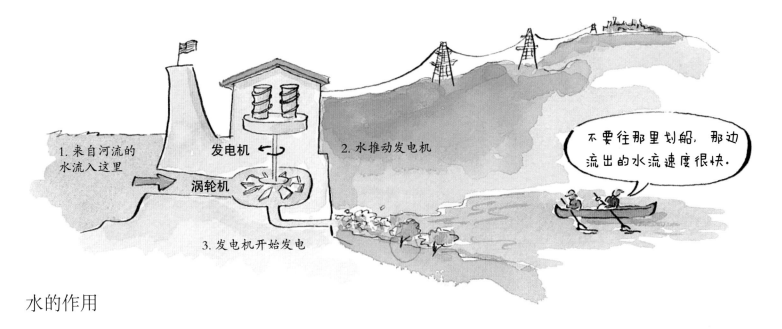

1. 来自河流的水流入这里

发电机

涡轮机

2. 水推动发电机

3. 发电机开始发电

不要往那里划船，那边流出的水流速度很快。

水的作用

水力发电最大的优点在于不会产生任何污染——不会制造任何污染我们的土地、空气和水的垃圾。同时它是可再生的，这意味着它不会像其他我们所知道的能源一样会被耗尽。但是水电的使用也存在一个问题，那就是水电发电机只能建造在有大量流水的地方，通常是拥有流速很快的河流的山区，而大坝的修建需要有大量的水储存其中，并会淹没许许多多野生动植物（甚至是人类）的家园，并给那些在水里产卵的鱼类回游设置了障碍。

无电一小时

你想知道我们有多么依赖能源吗？尝试在自己家中开展一次"无电一小时"活动，号召家人一起切断一个小时的电源或是瓦斯，这样你就能再次感受到 100 或者 50 年前的生活是什么样子了。当然，这意味着你不能看电视或者玩儿视频游戏。你可以选择读书，但是最好选择在白天或者靠近窗边——因为没有台灯照明。在公园里玩儿也是个不错的选择，但是你必须骑自行车前往。放弃吃零食吧，除非它是从碗柜里直接拿出来的。也不要从冰箱里拿出任何饮料或者从烤箱里拿出任何饼干。你的无电一小时也许比你想象的要长得多，但是它可以提醒我们：人类到底有多么依赖能源，以及我们到底使用了多少能源。

之后，鬼魂取走了骨头……

我们生活的陆地

大约近三分之一的地球表面被陆地所覆盖。这些巨大的陆地被称作大洲——一共有 7 个大洲。小一些分成一块块的陆地被称作岛屿（尽管也可以说大洲是巨大无比的岛屿）。陆地由坚硬的材质组成，但是它最上面的部分——可以供我们行走的部分——是由土壤、岩石和有机（有生命的）材料组成的。

除了湖泊、溪流和其他潮湿的区域，还有植被和植物点缀着我们的陆地表面。这些有生命的材料有自然成长的（比如森林），也有人为种植的（比如蔬菜和花园）。当然，人类也在星球的表面进行许多其他的改造。城市、村镇以及连接它们的道路每天都在占据越来越多的空间。

从一个地方到另一个地方，地球的表面非常不同。你可以发现高耸的山峦和广阔的平原，茂密的丛林和干燥的沙漠，还有大片的湿地，也就是当河流汇入更大水域时所形成的潮湿区域。还有南极洲大陆，那里几乎全部被冰所覆盖！

除旧迎新

在地球上发生的这些变化并非与你无关。如果在一个城市或者村镇生活得足够久，你也许已经看到很多改变：曾经是公园的地方变成一栋崭新的办公大楼；一片空地已经变成停车场；沿着一条新建的高速公路又建起一座大型购物中心。你还可以再往前追溯，与生活在这里时间更久的年长者聊天。问问他记忆中多年以前的这片社区的模样，以及这些年来都发生了哪些变化；然后，思考一下这些变化如何改变了周围的环境。记住，变化，无论是好是坏，每时每秒都在每一个角落发生着。

拯救地球！

不要扔掉旧玩具和旧衣服，把它们捐给其他人使用。这是重复利用的一种方法，同时你也在帮助那些比你困难的人们。

29

两百年前，世界上大约每20人中有1人生活在城市；现在，地球上大概一半的人口生活在城市。城市成为最重要的产品制造地，并在不断地把所制造的产品运输到其他地方。但是，城市在制造产品过程中所依靠的原料却是在其他地方制造或者种植的。这就是为什么许多大城市都建在海边或河岸边：水可以作为一种最简便的运输方法把原料和产品运进和运出城市。

在城市里人们居住得很近，这就带来了很多问题：城市规划者们必须寻找到好办法将食物、水和能源带给大家，同时还要将产生的垃圾处理掉。但是，居住在城市也有很多好处。比如，城市里有更多的就业机会，更多的商店可以购物和更多的博物馆可以参观，以及更多有趣的地方可以游玩，就像音乐会和球赛等。（小一些的社区也有很多事情可以做，只是没有城市丰富。）

在大部分城市的外围有一些被叫作郊区的社区（它们或比城市地区略小一些）。它们没有城市那么拥挤，因此可以提供更多地方建造房屋和院落。因为郊区距城市很近，居住在那里的人们去城市工作、购物或者游玩都比较便利。

在城市里生活

拥有蓬松大尾巴的松鼠生活在树上。它们吃坚果、种子和水果。有时它们会将这些美味埋藏在地下，以供自己在不容易觅食的冬天享用。

苍蝇可以在任何地方生存。有些苍蝇的脚上长有一种味蕾，用来分辨它们落下的地方是不是有可以食用的东西。

游隼有时会在摩天大楼上筑巢，它们以松鼠、老鼠和鸽子为食。它们俯冲时的速度可以达到175英里/小时（280千米）。

榆树是一种耐寒的树，在城市里生长茂盛。榆树顶部的枝叶向外伸蔓，夏天为路人们带来阵阵清凉。

老鼠生活在下水道里面，它们几乎什么都吃。它们的踪迹遍布世界每一个角落——只要有人类的地方就有它们的存在。

青鱼因身体呈青绿色而得名，通常生活在海滨城市附近的小河中。

小小探索家
自制喂鸟器

想吸引更多的小鸟飞到你家的后院吗？只要动手做一个简单的喂鸟器，小鸟们马上就会来拜访你。

你需要准备这些

- 一个干净的空牛奶纸盒
- 剪刀
- 结实的麻线或金属线
- 鸟食
- 一个大夹子
- 一根小细棍

1. 在牛奶盒子两个相对的面上各剪出一个明信片大小的窗户。
2. 在两个窗户下面各戳一个洞。
3. 在两个洞中间插入一根小细棍作为小鸟的栖枝。
4. 在牛奶盒的顶部戳一个小洞，把夹子穿过去。
5. 在夹子上绑一条绳子，然后把它挂在一根粗壮的树枝上。（这一步你可能需要大人的帮助）
6. 在盒子的底部装满鸟食，然后就等着你的新朋友到来吧！

小小探索家
观鸟

走到任何一个角落都能看见鸟类的踪影，从森林里的野鸡、海滩上的海鸥到城市里的鸽子。你周围的社区里都住着什么种类的鸟呢？快走到外面去看看吧。

你需要准备这些

● 一个双筒望远镜
● 一个小笔记本
● 一支铅笔或者钢笔
● 参考资料——一本书或者一个介绍你周围社区常见鸟类的网页

观鸟非常简单：找一个安静的地方，静静地站在那里，向周围观望。利用你的耳朵仔细听不同鸟儿的叫声：它们有的吱吱叫，有的啾啾叫，还有的轻声吹着口哨。不一会儿，你就可以分辨出不同鸟儿的模样和叫声。用双筒望远镜仔细观察树枝。如果你或你的邻居有一个喂鸟器，观察哪种鸟会停留并进食。当你看到一只鸟，在你的笔记里记录下它的颜色、大小，以及它与众不同的特点，同时画下它的样子（你随后可以填上颜色）。

你可能希望将它们的鸣叫也描述下来，不论是清亮尖锐的叫声，还是低沉粗犷的叫声，又或者是其他混合的叫声。但是这需要你付出一些耐心。

整理好你的观鸟笔记，查找资料检查一下自己是否能够辨认出它们。阅读有关它们的生活习惯和栖息地的知识，你会发现自己对周围的世界了解得越来越多！有的人养成了终生记录观鸟日记的习惯，不论走到哪里，他们都会记录下自己遇见的鸟类，并把观鸟日记命名为"生命列表"。现在，你也可以开始自己的探索历程了！

为人们提供能量：化石燃料

我们使用的能源里，大约有 85% 来自化石燃料——煤炭、天然气和石油。从点亮灯泡到给家用汽车加油，再到给你最喜欢的游乐园里的过山车充电。我们对这些能源的需要来自于各个方面。

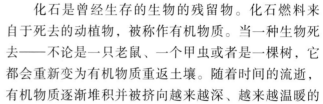

化石是曾经生存的生物的残留物。化石燃料来自于死去的动植物，被称作有机物质。当一种生物死去——不论是一只老鼠、一个甲虫或者是一棵树，它都会重新变为有机物质重返土壤。随着时间的流逝，有机物质逐渐堆积并被挤向越来越深、越来越温暖的地心区域。经过数百万年的时间，巨大的压力和高温将有机物质转化为煤炭、天然气，还有汽油。

拯救地球！

能洗个热水澡当然是非常惬意了，但是你能猜到水是如何变热的吗？是的，用热水器加热水是需要能源的，因此我们在使用热水时要更仔细一些：在水加热的过程中不要让它空流。当水温达到合适温度时，赶快去洗！如果你选择泡澡，不要将浴池注满，只用三分之一的水也可以洗得很干净。记住，使用温度更低的水就等于使用更少的能源——这样你就能更好地保护我们的地球。

煤炭只是岩石的一种，与砂岩、花岗岩、大理石一样，可以从地下挖掘；如果它埋藏在较深的地下，我们就需要挖掘一个地道来得到它。

石油并不像想象中的那样埋藏在地下水中，而是蕴藏在岩石里。

试着想象一下，一块海绵是如何吸收水的？一些特定的岩石也是通过同样的方法吸收石油的。

天然气（不要和汽油混淆，汽油是一种加工的燃料）也可以在一些特定的岩石里被发现。天然气和石油都比煤炭更难以获得，有时需要在非常深的地方钻井——甚至要深入海底才能得到它们！

化石燃料的故事

生命——植物与动物——死去之后的残留物将重新返回到土壤之中！

一旦煤炭、原油和天然气被从地下开采出来，它们就大有用途了。煤燃烧时可以发热，热能可以把水烧开变成水蒸气，水蒸气可以推动发电机发电。天然气可以燃烧并加热空气，热空气也可以推动发电机。而石油则可以被加工成汽油来驱动我们的汽车。

耶！

好一个喷油井！

嘎嘎！

在地表下面，它们的残余物逐渐堆积起来。

经过数百万年的演变，热量与压力使它们变成了天然气、煤炭或石油！

正如我们已经学到的，城市是许多（有时候是成百上千万）人的家园。如何让这么多人在城市中移动，可是件十分复杂的工作。

在一些地方，人们大多利用私家车去工作、购物、走亲访友，或者旅行。但在大都市里，如此多的人密集居住，就没有那么多地方能让所有人都开私家车了，因为那样的话，街道就都被车挤满了。因此，城市规划师们设计了独特的方式便利大家出行，这被称为公共交通，即运输大量人群的交通方式。

拯救地球！

在一些城市中，城市规划师试图鼓励大家把私家车留在家中，尽量选择公共交通方式出行，这样有利于减少交通堵塞，并且减少汽车尾气排放的有毒物质。在英国伦敦，高峰时段驾车驶入城市主要干道需要付费，此项措施使得每天在这些区域行驶的汽车减少了 6 万多辆。目前美国纽约市政府正在考虑采取相同的措施。

有轨电车是一种早期的出行方式，目前在许多城市中仍在使用，如美国旧金山。有轨电车如同火车一样，奔跑在沿街铺设的铁轨上。在运力上，有轨电车比普通的家庭轿车能承载更多的人。人们在各自的起始站上车，在各自的目的地站下车。

流动中的城市

125 大街

地铁是运行在地下的有轨电车。地铁的进出口广泛分布在城市各处，乘客利用楼梯（或电梯，或直梯）往返于街面与地铁停靠的站台之间。

由于地铁运行在地下（这就是名称中"地"的来历，即"地下"的意思），因此占地很少并能够迅速地运送大量乘客。日本东京的地铁系统拥有 13 条不同的线路，每天可以运送 700 万乘客。

城 市是人口众多的繁忙之地，而乡村则正好相反，这里地广人稀。

谈到乡村，你可能首先会想到农场与围栏。其实，乡村也包括森林、国家公园、山脉、沙漠，包括所有维持自然状态、较少受人为影响的地方。

田园生活

啄木鸟在树上搭窝、觅食。它用尖利的喙在树干上打洞。它厚厚的头骨能保护其大脑在猛力的梆梆梆的啄食中免受伤害。

枫树在北美广泛生长。它的树干坚硬，可以用来盖房子；树干内的黏性物质或树液可以做成我们涂在薄煎饼上的枫树糖浆。

浣熊是一种林地动物，以浆果、橡树果及其它植物种子为食。它们也在小溪与河流中抓青蛙和小鱼吃。在食用之前它们甚至会将食物清洗干净！

黑熊以鱼、浆果和蜂蜜为食。它们在秋天储粮，以备冬季长眠(冬眠)之用。

大嘴鲈鱼生活在乡间的湖泊与小溪中。它们的肉并不是十分可口，但由于其被抓时负隅反抗的精神而受到渔夫的尊敬。（现如今，很多钓鱼爱好者都会将钓到的鱼放生——他们钓鱼不过是为了娱乐，而不是为了加害这些鱼！）

喂养世界
（以及从事这项工作的农民们）

早在公元前 8000 年，人们就开始收割他们的农作物了。在那时，他们种植的农作物仅够养家糊口，只有极少数的食物能够卖给别人。后来，人们除种植作物外也开始饲养动物；饲养动物的农民被称为牧民。

但是，从早期的农民到现在，千百年来，情况发生了翻天覆地的变化。今天，大部分农民专职种植某些特定的农作物——包括稻米、生菜、西瓜和橙子在内的植物。但他们不是为了自己的需要来种植农作物，而是为了卖给他人。同样，牧民饲养牛、羊、鸡和猪也是为了贩卖。农民认真选择种植农作物的地点。对于农民来说，必须选择肥沃的土地，在那里种子可以生根发芽。对于牧民来说，土地必须能为动物们提供一个舒适的家园。比如说，养牛的牧民需要在广阔的长满青草的土地上放牛。

农民，公元 1000 年。

你家的花园如何生长？

你不需要搬到乡下去开垦自己的"农场"——你可以种植一个小花园：只需要后院的一小块地，或者一个能种植几种植物的窗台花盆箱。你可以去本地的花园中心获得需要的土壤和种子，并学习一些种植"农作物"的指导知识。青豆、西红柿和胡萝卜通常来说比较容易种植，而且也非常好吃！窗台花盆箱特别适合种植罗勒、西芹和茴香。

你的早餐来自哪里

热巧克力
（哥斯达黎加）

鸡蛋
（地方养鸡场）

牛奶
（地方奶牛场）

黄油
（加州奶牛场）

面包
（印第安纳州小麦场）

橙汁
（佛罗里达州柑橘果园）

哈密瓜
（得克萨斯州南部）

蓝莓
（缅因州）

今天的农民

除非生活在农场为自己种植食物，人们今天的食物几乎全部可以追溯到一个农场或者牧场。如果你早上吃鸡蛋，它们一定出自一个养鸡场；如果你吃玉米片，你可以打赌是一个你不知道在何方的农民种植了玉米；而你喝的牛奶来自于一个奶牛场所饲养的奶牛。

生命的循环

在地球上生活的每一种动植物，都通过各自的方式与它们生活的环境紧密相连。大多数植物生存所需要的养料依赖于日光、二氧化碳和水的合成作用，这个过程称作光合作用。植物利用的二氧化碳有一部分来自于人类与动物——当我们呼吸时会产生二氧化碳（和水蒸气）；而植物会利用二氧化碳，通过光合作用释放出我们所需要吸入的氧气。离开植物我们就无法生存，离开我们植物也难以生存！

植物组成了"食物链"中的第一层。只吃植物的动物被称作食草动物。有的食草动物体形较小，例如甲壳虫；而有的食草动物体形庞大，例如大象和熊猫。食肉动物在食物链中处于更高一层的位置——它们以食用其他动物来生存。大部分的人类（以及其他的动物）都既吃动物又吃植物，因此被称作杂食动物。

包括植物、食草动物、食肉动物在内的生物死去之后，会成为垃圾重新回归地球，为新生的植物提供养分；而这些植物会被食草动物吃掉，食草动物又会被食肉动物吃掉。整个过程就是这样不断地循环往复。

呼吸一口 **新鲜的空气**

吸入 氧气
呼出 二氧化碳

吸入 二氧化碳
呼出 氧气

拯救地球！

想不想更好地了解在你居住的社区里生活的动物们？尝试在自家后院里堆起树枝（首先你要获得父母的同意）。从树上或灌木丛中找到一些枯树枝、落叶和树杈——这些都是动物们喜欢藏身的地方。在后院准备好一个树枝堆，时不时地去查看一下谁会来拜访你。

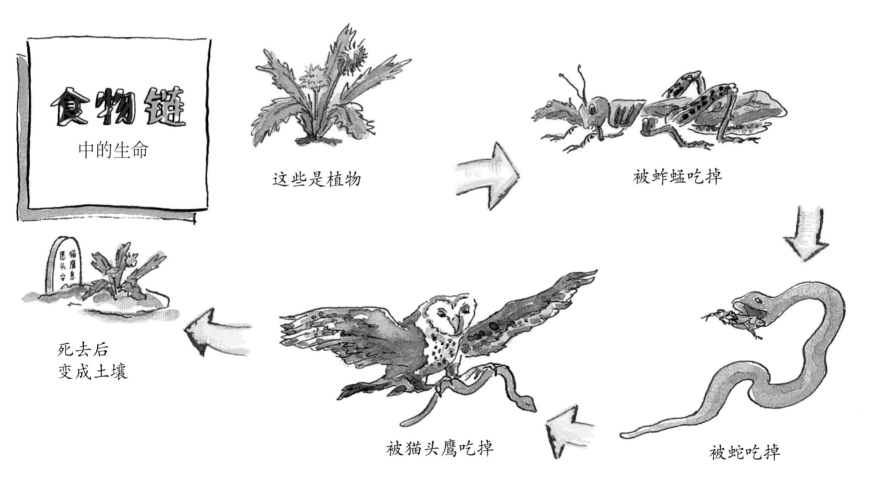

食物链

中的生命

这些是植物

被蚱蜢吃掉

被蛇吃掉

被猫头鹰吃掉

死去后
变成土壤

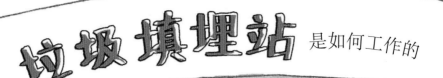

垃圾填埋站 是如何工作的

土壤

隔层

垃圾

拯救地球！

　　不要将垃圾填埋坑填满。在家里看看，想想有什么是可以再利用而不用扔掉的。各种袋子是很容易想到的，盒子也是这样：巨大的纸壳箱可以做成很棒的（供小朋友们玩耍的）俱乐部。大多数瓶子清洗后可以盛水或果汁。记住纸是双面的，当你画画、写字或涂颜色时，把两面都用上。有哪些东西你认为可以再利用而不用送到垃圾填埋坑？列一个清单吧。（通过废物再利用你还可以帮助家里节省开支）

从垃圾桶到垃圾填埋站

2005 年，美国人扔掉了 2.45 亿吨的垃圾。这是一个巨大的数字！平摊到这一个国家每个成人与儿童，相当于每人每天扔掉了两公斤的垃圾。如果你想背着这些东西到处走，每两天就能将你的背包装满。当你下次将空果汁盒子扔到垃圾桶里时，想想上面这些数字。

那么这些垃圾到哪里去了？我们知道保洁工人每天都将垃圾袋从路边取走，扔进巨大的垃圾车里。然后呢？

所有的垃圾中，有些被回收利用了（关于这点我们以后会学到）；有些则被运到了我们所说的"垃圾站"——那些臭烘烘的越堆越高的、像小山一样的垃圾堆；有些垃圾被焚烧了，这样做会向大气中释放有毒物质。

大多数垃圾送到了垃圾填埋站。垃圾填埋站是将垃圾埋入更深土层下的地方。垃圾填埋能够防止垃圾中易渗出的部分流到土壤中——否则便会破坏环境。但这并不意味着垃圾填埋是很棒的垃圾处理方法。我们已经知道，我们时刻都在制造更多的垃圾，当一个垃圾填埋站被填满后，就必须得找新的地方放置垃圾，因此更多的土地便不得不被当作诸如牛奶罐、旧鞋以及旧电视等这些我们扔掉的东西的最终存放场所。

从我做起

削减纸张的使用

保护树木的一个方法是减少所收到信件的数量。许多公司，如电话公司和银行，允许网上付账，这意味着账单不必寄到你家，你父母的付账支票也不必被寄回。网上付账意味着减少使用纸张，同时你也可以省下邮票的成本！如果你家里有电脑，而你父母还没有网上付账的习惯，让他们查一查如何进行网上付账，告诉他们这样做能够保护地球。

另一种可以削减的纸张使用类型是"垃圾邮件"，即各类广告传单、产品宣传册、捐款请求等类似的邮件。有研究结果显示，每年每个家庭收到的垃圾邮件数量相当于用一棵半大树所制造的纸张数量。你可以写信给直销协会，要求把自家的地址从他们的寄信清单中取消。你也可以登录他们的网站，让父母联系他们所支持的慈善机构，告诉这些机构不要将你的家庭地址共享给其他慈善机构，以便减少收到各种传单的数目。请记住，当收到广告传单、账单等信件时，用完以后要将它们回收利用！

重复使用与垃圾回收利用

我们已经知道，我们所制造的大量垃圾会对环境造成污染，但是我们还有一个更好的办法处理垃圾，那就是回收。扔掉的很多东西都可以重新利用，它们可以被回收然后制成新的产品。

回收是一种双赢的方法。首先，被回收的垃圾不用埋进土里或者丢进垃圾填埋站，污染我们的环境。其次，回收材料意味着我们不需要使用新的资源进行制造。

很多社区都有垃圾回收项目，使得一些物质可以被回收和再次利用。金属产品——罐头盒、铝箔、晾衣架，甚至柜子——都可以被熔化，然后进行新的金属产品的制造。玻璃的瓶罐也可以通过同样的方法被回收。纸制品也可以重新被回收制成新的纸产品，从而保护更多的树木不被砍伐。一些塑料产品，比如牛奶和果汁盒也经常被回收。

拯救地球！

寻找你所在社区的垃圾回收项目，鼓励你的家人踊跃参加。帮忙在垃圾中分拣出被所在地区的卫生部门列为不可回收的垃圾。查出回收垃圾的日期表。你也可以为保护地球做出自己应有的贡献。

从我做起

成为回收达人

请你思考一下如何从学校的食堂回收垃圾，这里有几条好建议：

1. 你会带午饭去食堂吗？使用轻便的、可以重复利用的袋子带饭—或者买一个午餐盒，如果你喜欢的话—而不是每天浪费一个新袋子。午餐盒有很多的造型和图案，你一定会找到一个你喜欢的。
2. 把果汁、饼干、三明治等食物装入可重新利用的容器，再装进午餐盒里。不要浪费锡箔纸或塑料袋。
3. 选择花生酱布丁三明治作为午餐。畜养动物需要砍伐森林以腾出土地。尽量避免吃肉汉堡或午餐肉可以帮助我们拯救更多的森林。
4. 你的学校应该会有针对铝纸、纸壳和其他可回收垃圾的不同箱子，记得使用它们！鼓励你的朋友们一起进行垃圾回收分类。每一个回收的饮料罐都可以节省用来再生产它的资源。
5. 有机物质，比如鸡蛋壳或者晚餐剩下的蔬菜（不包括肉类），可以经过堆肥的过程直接回到土地里。

可回收垃圾

堆肥产生于有机物质的自然分解：有机物质逐渐腐坏后被加入土壤，土壤会更加肥沃。如果你的学校没有堆肥项目，尝试自己建造一个。与老师或者校长谈谈如何建造一个堆肥堆，学生们可以将有机剩菜扔进去；你没有吃掉的那半个三明治可以用于在未来的某个时刻为其他人提供食物。

6. 这本书附送了可以贴在学校或者家里的环保贴纸，有助于时刻提醒你和你的朋友们去做那些有利于节约能源、保护环境的事情，比如随手关灯、拔掉电源与回收垃圾。（告诉父母和老师不用担心这些贴纸不易处理—撕掉它们和贴上它们一样简单！）

47

森林是地球表面被树木所集中覆盖的区域。生活在一片森林里的动物和树木种类取决于那片森林的土壤特点、平均温度、降雨量，以及是山脉还是平原。

野生森林

巨大的红杉树可以长到 300 英尺（91 米）以上的高度，和一个足球场一样长。有的红杉树的树枝可达 20 英尺（6 米）长。在美国加州和俄勒冈州可以发现它们。红杉树的寿命长达几千年。

在捕猎的时候，狼常常成群结伙。它们善于快速、长距离奔跑。

豪猪有着长满尖利刺的外衣，可以保护它免于受到那些想吃掉它的食肉动物的捕食。它是为数不多的以松针为食的动物之一。

48

松树林生长在高纬度地区，离赤道最远而靠近于南北极。松针即使在冬季也不会脱落，这就是为什么它们被称为常青树。

灌木林比松树林离赤道更近一些。灌木林里的树木在秋天落叶，来年春天会长出新的叶子。

生态系统是所有生物以及生活环境的总称。我们的星球可以被看作是一个大型的生态系统，所有的植物和生物都依赖彼此生存。也存在更小型的生态系统，比如，包括郊狼、它们的食物兔子和兔子赖以生存的草地三者在内的草原生态系统。

鹿是一种非常优雅的动物。它们动作敏捷，以避开捕食者的追捕。为了争夺鹿群里的领袖地位，雄鹿们用又大又宽的鹿角进行决斗。

很多植物需要依靠大量的日照生存，但是蕨类植物却在灌木的树荫下茁壮成长。

鹌鹑在地上筑巢——因为它们更喜欢走路。它们吃昆虫和种子，喜欢群居生活。

49

雨林生长在靠近赤道的地方，那里常年下雨，总是温暖潮湿。由于没有冬天，那里的植物可以一年到头不间断地生长。雨林是世界上一半以上动植物物种的家园，虽然它的面积只占地球土地的6%。

正在消失的雨林

雨林曾经覆盖地球上很大一部分地区，但是它们的面积正在迅速地缩小。科学家们估计，雨林正以每年3700万英亩（15万平方公里）以上的速度消失，那是与美国乔治亚州一样的规模。

究竟发生了什么？我们已经知道农牧民都需要肥沃的土壤种植作物。地球非常大，但是能够被使用的土地只有固定的大小，因此雨林被砍伐从而为耕地和牧场腾出更多土地；开矿者们希望在雨林地区开采出更多的贵重金属，包括银、铜和金；同时木材厂也需要砍伐大量的雨林树木。在地球人口不断膨胀的今天，人们需要砍伐更多树林以建造更多房子，用于日常工作和生活。

在**突出层**，最高的树木显露出来或者向上生长。

雨林的层次

在**林冠层**，你可以看到绝大多数的树顶。它们为树下的生命提供荫凉。

灌木丛是由树干和攀援植物组成的。

树叶、树根和腐烂的有机物质可以在**林地地表**上找到。

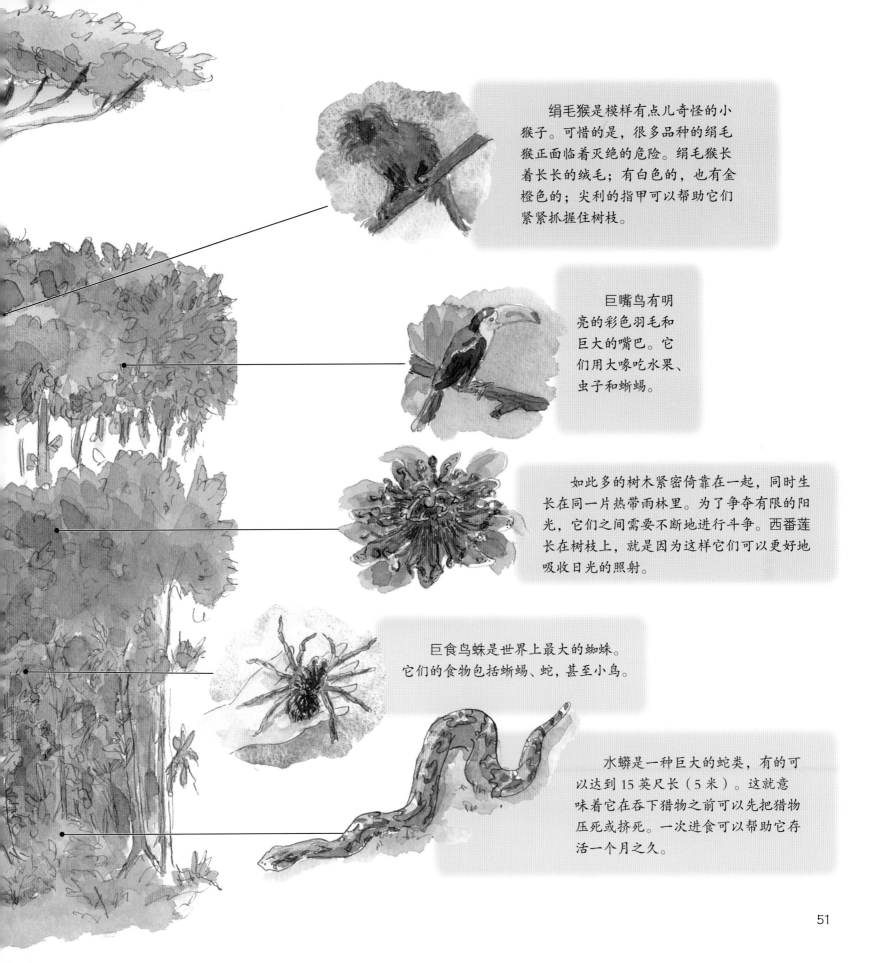

绢毛猴是模样有点儿奇怪的小猴子。可惜的是，很多品种的绢毛猴正面临着灭绝的危险。绢毛猴长着长长的绒毛；有白色的，也有金橙色的；尖利的指甲可以帮助它们紧紧抓握住树枝。

巨嘴鸟有明亮的彩色羽毛和巨大的嘴巴。它们用大喙吃水果、虫子和蜥蜴。

如此多的树木紧密倚靠在一起，同时生长在同一片热带雨林里。为了争夺有限的阳光，它们之间需要不断地进行斗争。西番莲长在树枝上，就是因为这样它们可以更好地吸收日光的照射。

巨食鸟蛛是世界上最大的蜘蛛。它们的食物包括蜥蜴、蛇，甚至小鸟。

水蟒是一种巨大的蛇类，有的可以达到15英尺长（5米）。这就意味着它在吞下猎物之前可以先把猎物压死或挤死。一次进食可以帮助它存活一个月之久。

人类的活动对环境有巨大的影响，这些影响有些是好的，有些则是不好的。有一个可以对环境产生好影响的做法，就是种一棵树。

我们知道，树可以吸收二氧化碳以释放供给人类呼吸生存的氧气。通过种一棵树，你可以帮助制造更多氧气；你的树还可以帮助地球避免土壤流失，即土壤和岩石被逐渐腐蚀吞食，直至不能继续为生命提供养分；同时你的树也可以为这个世界增添一抹亮丽。

你的树还可以从一个更大的方面造福我们的环境——一棵大树可以在夏天为你家遮阴纳凉，节省10%到50%的空调制冷所需的能源和成本。

你需要这样做：

你需要准备这些
- 一棵树苗，不到3英尺（1米）高的一棵小树
- 一个可以种树的好地点
- 一把铲子
- 水

1. 找到生长在你家周围区域的树种：可以去附近的公共公园、植物园（类似一个树林博物馆）和本地公园，或者向在苗圃或花园中心工作的园丁问询相关信息；如果急于看到结果，你可以问问哪种树成长得比较快而且不需要大量的水。

2. 调查好你的树需要的种植空间和浇水量：它是否只在特定的土壤环境里才能生长？它是否必须在每年固定的时间进行种植？打听好为了让树成活都需要做些什么。

3. 在温室或者花园中心购买树苗。

4. 选择一个好地点种植你的树，确保它有足够的空间可以生长。记住，当树干长大的时候，树枝会向外延伸，树根也会越长越深。

5. 用一把小铲子挖一个坑，宽度要确保树苗的根部可以平铺开，深度要足够放下树苗的根茎——树根从茎部伸出的位置——可以与地面平齐。

6. 将你的树苗插入坑中，平铺好树根。

7. 重新填满泥土并紧紧压实。你可能需要加入一些化肥或"树的食物"（在你把树苗带回家之前需要询问清楚）。

8. 向土壤中倒入半加仑的水以帮助树苗扎根。

9. 按照专家的指导进行植树以及植树之后的特殊护理。

10. 观测你的树苗如何生长，享受你对绿化世界所做出的新贡献！

成长，成长，消失

很多年以来，我们都在为得到木材、开采矿藏，或是开辟农场而砍伐雨林，却从没有想过这样做给地球带来的危害。其实，这样做的危害是巨大的。如你所知，树木吸收二氧化碳并释放出氧气，这对地球上的万物都有重要的意义。树木的减少意味着这个平衡会被打破，这就导致了全球变暖。同时，有很多生物是热带雨林所独有的，你不可能在其他地方找到，包括一些特殊的可以制药的植物，还有那些独一无二的生物，比如小绒猴——它们只能长到三盎司（重93克）！

不过，现在很多人已经逐渐意识到雨林的重要性了，他们已经开始了保护雨林的行动。一些土地拥有者在砍伐树木的同时，也在种植树木。通过参加保护雨林的活动，你也可以做出自己的贡献：你可以尽量多地去了解你和家人平时所购买的产品；如果放牧牛群需要砍伐掉一片雨林——随后这些牛会变成我们所吃的汉堡，那么思考一下，我们是不是应该吃一些不会对环境造成危害的食物。

如果你认为这些努力不会积少成多，那你就大错特错了。在2007年，巴西政府曾经宣布，在上一年中，他们所减少的雨林数量是自1988年有数据资料以来最少的一年！

沙的国度

沙 漠是地球上最干燥的地方，平均年降雨量不到 50 毫米，面积占到全世界的五分之一。沙漠是极限之地，在一天之内，气温会从令人难以置信的炎热变为刺骨的寒冷，这使得那里的生物面临严酷的生存考验。

红尾鹰有时会在仙人掌群中筑巢。它们以在沙漠中生活的蛇和蜥蜴为食。

索诺兰沙漠

仙人掌厚厚的表皮和扎人的体刺使它们远离被动物吃掉的命运。

响尾蛇侧身蜿蜒爬行，这样它们可以只用一小部分身体接触沙地，从而避免被烫伤。

然而，即便是在这种土壤沙化的严酷环境中，仍然有大量令人着迷的动植物生存。大多数动物是肉食性的，因为植物实在是太少了。能够在沙漠中生长的植物十分善于长时间地储藏水分。

沙漠中也有人居住。他们经常四处奔波寻找水源，或者建造被称为水库的人造湖，那里储藏着他们生活所需的水。

喀拉哈里沙漠

骆驼只在天气非常炎热时才会出汗。它们可以坚持很长时间不饮水。它们的驼峰用来储存脂肪，因此它们不必经常进食。

喀拉哈里沙漠的松鼠有一条毛茸茸的大尾巴可以做遮阳伞，为它们提供阴凉。

沙鼠在地下度过白天的大部分时间，它们会在夜晚较为凉爽的时候外出活动。

55

极限体验

当你听到沙漠一词时都会想到什么？是那一望无垠的沙地和波浪一样的沙丘，还是那清澈湛蓝、万里无云的天空，抑或是那远离城镇和绿色植物的安静？

这些特点对于一部分沙漠来说是对的。沙丘——大片漂移的沙山——只会偶然出现。在沙漠中更常见的是坚实的土壤表层。所有沙漠都有一个共性，那就是酸性土壤。酸性土壤意味着干燥和炎热。有些沙漠实际上降雨量很大，每年能达到 40 英寸（100 厘米），但是高温使得这些水分迅速蒸发，使土壤变为酸性。

白云就像是大毯子，它们捂住热量使热量不易散发。但是，沙漠中的白云很少，所以白天聚集的热量到了夜晚很容易散发掉，带来的结果就是，即使白天非常炎热，到了晚上气温就会骤降，甚至会下降 50 华氏度（28 摄氏度）。

沙漠的另一个特点就是风特别大。由于没什么绿色植物遮挡，风刮得非常猛烈；当狂风卷起大量松动的土壤和沙石时，就会演化为沙尘暴。

当然，有时人类也可以改变沙漠的状况。你知道吗，通过合理的灌溉，一些地球上最富足的农场就建立在沙漠之中。在这些地方，水的主要来源是抽取地表之下的水，或由管道引来其他湿润地区的地表水。水利工程可以将水源源不断地输送到沙漠中的大城市里，比如美国内华达州的拉斯维加斯。利雅得作为沙特阿拉伯的首都，也是全国最大的城市，其水源来自波斯湾的除盐海水。

生命要在沙漠中存活是一件很艰难的事情。因此，在沙漠中生活，甚至兴旺成长的动植物都要有其独有的特征。

哇，小狗，这里好冷啊！

拯救地球！

正如我们所知道的，你并不需要住在沙漠里以节省水资源。尝试在冰箱里保存一壶水，这样当你感到口渴的时候就不用打开水龙头等待水变凉来供你饮用，而且你可以节省那些白白流到下水道里的水。

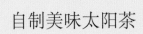

好喝…

小小探索家
自制美味太阳茶

太阳茶

同那些适应沙漠生活的植物、动物和人一样，我们也可以适应炎热干燥的气候，甚至从太阳温暖的射线里获益。这个简单的太阳茶食谱利用了太阳的热量来制作我们夏天最喜爱的饮料。

你需要准备这些

- 1加仑（4升）水
- 6包袋装茶叶（普通的茶，或者可以尝试草本茶，比如薄荷或者水果口味）
- 一个透明的1加仑水容量的罐或水壶

1. 把水倒入透明的水罐中。加入茶包。用盖子或者塑料保鲜膜盖好。

2. 把水罐放在明亮的太阳光下，直到水变成琥珀色（一般来说需要两到三个小时）。取出茶叶袋。

3. 把水罐放在冰箱里，在随后的一到两天时间里把它喝掉。就是这么简单！

太阳就像火炉一样加热了水，并使水吸收了茶叶的味道！加入一些冰、糖和一点点柠檬或者果汁，真好喝！

适者生存

一些植物的种子，比如仙人掌，可以长时间生存在没有降雨的地方，然后等到下雨的时候再生长。沙漠植物的根茎系统通常扎根到很深的地方，这样它们就可以喝到蕴藏在地下的水；或者根系延伸得很广，这样在降雨的时候，它们就可以接触到更多的水。

蝙蝠以及狐狸和蛇都会选择在夜晚气温下降之后才出行。

一些哺乳动物——比如长耳鹿或者野兔——长着很大的耳朵以帮助它们更好地散热。

沙漠化：深陷困境

1 牛群把一块土地上所有的草都吃掉了。

2 风和雨侵蚀土壤，泥土不再有植物根系的固定。

3 留下寸草不生的土地。

在世界上很多地方，沙漠都处在扩张之中。我们将这种情况称为沙漠化，即沙漠的特征向周围地区扩张延伸。

在过去的数千年，甚至数百万年中，沙漠化有时是自然发生的。这种沙漠化主要成因是气温的缓慢变化——一个特定地区的平均天气状况。

但是，我们所担心的沙漠化是人为造成的。人类种植的作物和放牧的牛羊可以将所有以前野生动物们赖以生存的植物消耗殆尽。而这还不是唯一的问题：一旦植物消失了，土壤流失将急剧加速。

我们能做些什么来减缓土壤流失呢？这是一个值得我们思考的难题。其中一个方法是政府鼓励农民轮作种植，从而使土地得以休息。另外，也可以向那些不得不过度使用土地的人们提供食品支援。正如地球所面临的其他问题一样，土壤流失需要我们齐心合力来想办法解决。

冰箱里的生活

北极

地球上最冷的地方是南极（南极洲大陆）和亚洲及北美洲的北部地区。令人惊奇的是，亚洲和北美洲的北部地区甚至比北极还要寒冷。北极并没有陆地，那里的夏天到处都是流水，冬天满眼都是漂浮的冰块。

大部分北极圈的地表都是永冻土，只有特殊的植被可以在那里生存。植物的根系都很短小，比如羊胡子草，可以生活在稀薄的、夏天会融雪的土壤表层。

北极燕鸥是出色的旅行者：它们在北极度过夏天，然后便随着季节的变化向南飞翔，直到抵达南极。

北极熊的皮下有一层厚厚的脂肪，被称作鲸脂。它可以帮助北极熊抵御严寒。大型动物比小型动物更善于保持体温。最大的北极熊可以达到1800磅（815千克）的重量。

北极狐在夏天储存食物以帮助它捱过寒冷而漫长的冬季。

海豹喜欢在北冰洋中游泳。它们的身体里可以储存氧气，因此它们可以在水下捕鱼长达30分钟之久！

由于地球的上下两端在一年之中有段时间会远离太阳，因此这些地方得到的阳光十分有限：冬天，它们根本得不到任何日光的照射（北极从 12 月份开始，南极从 6 月份开始）；而到了夏天，即使全天都阳光普照，天气却依然寒冷。

北极和南极有很明显的不同。南极——地球的最南端——位于南极洲，那是一片几乎完全被冰所覆盖的大洲。而北极坐落在北冰洋中。

不过，即使天气寒冷，还是有很多动物可以在北冰洋和南极洲生存。

北极燕鸥重新开始往北极飞行——往返的旅程距离超过 22 000 英里（35 400 千米）！

南极

生活在南极洲的企鹅紧紧靠在一起取暖。站在外围的企鹅最冷，因此它们轮流站在中央。

长须鲸在全世界的海洋中都可以找到，包括靠近南北极的寒冰海洋。

61

冰河时期

由于某些未知的原因（科学家已经掌握了许多关于环境的知识，但是仍有很多问题有待探索），地球曾经在一段时期内非常寒冷。在这持续千百年，被称作冰河时期的日子里，冰层覆盖了大部分地方，特别是北半球地区。

在冰河时期内，巨大的大陆冰原从极地伸展至赤道。有些冰原甚至厚达成千上万英尺（数千米）。在它们由北极向南，或由南极向北滑动时，便缓慢刻画出了山谷的地形。在冰原沿地表移动时，大量的泥土与巨石被冻在了里面。就这样，我们这个星球大块的部分便从一个地方被搬运到了另一个地方，地表的形状也因此被重新塑造。

这种移动极其缓慢，乃至当你观察一个冰原的时候不会注意到它的移动；但是它确实在移动，每年的距离少至几码几米，多至上百米。当冰河时期结束时，冰原便完全消失，留下了它们刻画出的山谷，以及随它们移动的泥土与巨石。

有些事情可能会让你感到意外：在当今的一些地方，如格陵兰，存在着大陆冰原，因此有些人认为我们目前就处在冰河时期。但对大多数人而言，这一概念指代的是冰原覆盖大部分地球表面的时期。

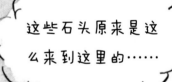

这些石头原来是这么来到这里的……

当地球气候变化时——或是由于自然过程，或是由于人类活动对环境的影响——大陆冰原向极地退去，这一过程改造着地表形态。你是否对冰原移动的过程感到十分好奇？其实，你在家里便可以制造一个迷你冰原，并观察它是如何影响所经过的表面的。

向你的杯子里倒入 1 英寸（2 厘米）的沙子、泥土和卵石。然后倒入 2 英寸（5 厘米）的水。将杯子放进冰箱，液体结冰时取出。然后，再加另一层 1 英寸（2 厘米）的沙子、泥土和卵石，以及 2 英寸（5 厘米）的水。再放进冰箱冻一下。如此反复直到将杯子填满。

你已经做好了你的迷你冰原。现在你得准备能让它顺着移动的表面了。找个大人用锤子帮你把钉子钉入木板的顶部，然后将你的迷你冰原从杯子中倒出来（往杯子里倒入少许热水有助于冰原从杯中脱离）。将你的迷你冰原大头朝下放在木板上。

将橡皮筋的一端套在钉子上，另一端套在迷你冰原上。然后来到室外，将木板的一端用砖头支起，是有钉子的那一端。现在你需要做的就是等待。

当迷你冰原的冰层融化时，其重量会减轻，此时橡皮筋会将其缓慢地沿木板拉起。在此过程中，原先冻在里面的东西就会留下来。这些东西会沿着木板向下流。当冰层完全融化时，所剩下的就是一条带有泥土、沙子和卵石的痕迹，正如真正的冰原融化时留下的沉积物一样。

你需要这些材料

- 一个干净的塑料杯
  （空的酸奶瓶子就可以）
- 沙子、泥土、卵石
- 水
- 冰箱
- 一块至少 6 英寸（约 15 厘米）宽，18 英寸（约 45 厘米）长的木板
- 一把锤子，一个钉子
- 一条长的橡皮筋
- 一块砖头

冰

沙子、泥土和卵石

我们周围的空气

你想象一下你跳入了一个游泳池，当身体完全浸入水中时，突然间一切感觉都完全不同了。你感到水压向你的全身。另外，取决于水的温度，你身上会感到冷却或热起来。还有，你无法呼吸！

你知道水是一种流体，但当你跳进游泳池之前，你身处另一种流体之中：你周围的空气。流体可能是一种液体或者气体。在水池里，你能感到水压以及水温。站在水池外，你可能没有意识到空气的压力，因为你已经习惯了。但空气确实如同水一样在向你的身体施压。另外，你应该能够切实地感到空气的温度，特别是在夏天感到热、冬天感到冷的时候。

我们身边的空气是多种气体的组合，大部分是氮气与氧气，统称为大气。我们能度量其温度与气压，即它向我们身体施加的压力有多强。

你知道人在水中无法呼吸，这是因为我们的身体天生就只能用肺呼吸大气中的气体，特别是氧气。在水中，你被一种液体包围。你无法呼吸，因为你不是鱼！鱼能用鳃呼吸到溶于水中的氧气。地球的大气是如此独特，因为它拥有我们以及这个星球上其他生命形态所需要的气体。正是因为这样，假如我们无法改变其他星球周边的大气，我们就无法在那里生存。

烟　雾

你可能已经听说过"烟雾"，这东西很容易定义：将"烟"与"雾"混合在一起就得到了"烟雾"。烟雾是一种能使空气看起来朦胧不清，充满尘埃，甚至有异味的污染物。

咳咳……

现在，我们已经知道那些围绕在我们周围的空气是多么特殊和重要。它需要我们去好好保护。这里有一个简单有趣的方法，可以帮助我们更深入地了解烟雾——烟和雾的肮脏组合——如何污染我们每天呼吸的空气。

烟雾是从哪里来的？当雾与从诸如烟囱里冒出的烟混合的时候，就变成了一层飘浮在地面上的薄雾。这就是烟雾。其他的方法也可以产生烟雾。工厂与汽车经常会向空气中排放有毒或有害的气体。当阳光遇到这些有毒气体的时候，就会合成我们称之为烟雾的有害云状物。在气候温暖、有很多汽车和工厂的地方——比如美国南加州或西南部的大城市——烟雾非常普遍。

你需要准备这些
- 两个金属晾衣架
- 8 根橡皮筋
- 一个塑料袋

1. 把三角形的晾衣架折叠成方形。

2. 将四根橡皮筋整齐地排列好，套在晾衣架上。（你可以在晾衣架的形状上做些微小的调整，使得每一根橡皮筋都紧紧地套住。）

小小探索家

自制烟雾探测仪

3. 把一个晾衣架放在外面一个阴凉的地方，避免阳光照射——比如一根矮树枝上。

4. 把另一个晾衣架装在塑料袋里，然后放进你卧室的抽屉中。

5. 等待一周的时间。

6. 把放在屋里的晾衣架拿到外面去，与放在外面的晾衣架进行对比。拉抻两个晾衣架上的橡皮筋，感受它们的不同（如果你没有发现任何不同，把晾衣架重新归位，再多等待一周的时间）。

你可能会注意到，在外面晾衣架上套着的橡皮筋变得又薄脆又开裂。如果你拉一下，它们就会断裂。这是为什么呢？原因是烟雾已经把它们腐蚀掉了。而套在屋里晾衣架上的橡皮筋就不存在这个问题，仍然完好地保存着。这是因为，在房间里它们得到了很好的保护。

当你在自家后院做完这个试验的时候，你会发现烟雾的危害如此贴近你的生活。

记住，你也可以通过自身的努力与我们一起抵制烟雾。可以做的事情有很多，比如放弃自驾汽车而选择自行车或者步行出行。你也可以减少电能源的使用，从而减少发电厂为制造电向空气中排放的污染物。让大家一起努力与烟雾进行斗争。

就像你猜到的那样，烟雾对身体非常不好，它可以引起眼部不适和呼吸道的诸多问题，比如哮喘。植被也同样会被烟雾所危害。

一起努力

为了减少我们向大自然中释放的污染，我们需要在日常生活中做出一些改变。我们的国家在制造流程和能源开发上要尝试更多新方法，而我们也应该尝试改变自己的生活习惯，尽量多地去做那些不需要驾车或者不需要消耗很多能源的事情。减缓或者阻止人类对环境造成的危害永远都为时不晚，只要世界上的不同国家都努力合作，我们自己也积极参与其中，贡献出我们自己的力量。

重力的重要性

正如我们了解到的，所有的生命都需要一定的温度和气压环境。在我们向宇宙发射的卫星里也要复制这些条件。想象一下宇航员的宇航服——那里提供着合适的温度和气压。一个时空胶囊或是空间站也同样需要具备这些条件，你可以把它们想作是一个被一群宇航员穿在身上的巨大宇航服。

但是，不容易被提供的一样东西是重力。因此，宇航员不得不学习在没有重力的环境下生活。你能想象没有重力的大气环境是什么样子吗？估计很难。重力将大气层固定在我们的地球表面。如果重力消失不见，那会怎样？——我们以及围绕着我们的大气层全都会在宇宙中漂流。

奶奶在零重力时刻的样子

从我做起

让烟雾现象刹车！

今天我们制造的汽车比过去的汽车排放的有害气体少得多。有些车可以依靠乙醇作为动力行驶。乙醇是一种从玉米里提炼的物质，在燃烧时它比汽油要干净得多。在未来，汽车可以利用更充裕、更便宜的氢能源来行驶。但是今天，大部分的汽车仍然要依靠汽油，这就使得汽车在燃烧燃料的时候向空气中排放大量的有害气体——这些气体是造成全球变暖的元凶。这就是为什么环境保护主义者们鼓励我们只在必要的时候驾驶汽车出行。你能不能也贡献一分自己的力量呢？

拼车

如果你的父母每天开车送你去上学，尝试着在邻居中间建立一个合伙用车的机制，这样就可以用一辆车来接送邻近的小伙伴们。问父母愿不愿意用一个星期义务接送你和邻居同学上下学。下一星期再找一个同学的家长来接送大家。这样做你就可以减少路上行驶的车辆，从而减少烟雾的形成。

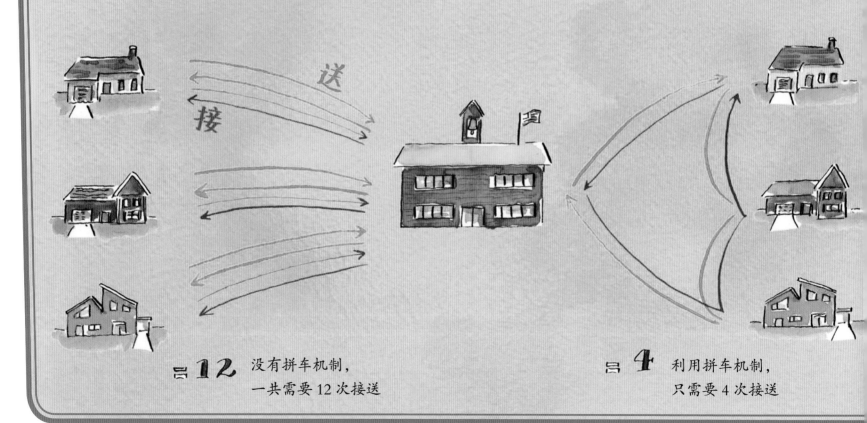

送
接

=12 没有拼车机制，一共需要12次接送

=4 利用拼车机制，只需要4次接送

混合动力车

汽油 + 电力

选择混合动力车

近年来，燃烧更少汽油的汽车越来越受到人们的欢迎。它们被称作混合动力车。意思就是具有两种及以上动力源的车。混合动力车有一部分是用电力驱动的，另一部分是由汽油来提供能量。这就减少了它们燃烧的汽油量。也许你难以说服父母把家里的车换成燃烧汽油较少的汽车，但是等到了你买车的时候，不要忘记这个选择。

斑驴

斑马 + 驴

橘柚

柑橘 + 柚子

骑车或者步行

你可以减少自己的汽车使用量——并在同时得到更好的锻炼——不要总是让父母开车送你，而是尽量选择步行或者骑车。每一辆汽车排放的有毒气体数量可能有限，但是积少成多，小小的改变可以引起巨大的变化。

这关系到保护我们的地球和自己的健康，任何一点努力都不会白费！

天气的智慧

你可以把天气想象成大气层自己做出的决定：我应该今天下小雨还是大雷雨呢？我应该把云彩都收走，让天空晴朗吗？还是我应该变得狂野一点儿，带来一次飓风或是龙卷风呢？

地球的天气是大气层运动的结果。这是一场关于能量转移的运动。太阳是能量的来源，但是它的射线从不同角度照射到地球上的不同地区，这与其他因素一起造成了地球上不同地区的温度不同的结果，使得大气开始了它的天气均衡之旅。

比如说，太阳向低纬度（靠近赤道）的地区提供了更多的热量。这些热量随后会自然而然地离开赤道向极点运动，导致旋涡形的巨大暴风横扫中纬度地区。这些风暴——最猛烈的情况被称作飓风——把寒冷的空气吹到低纬度地区，并把温暖的空气吹到高纬度地区。这个过程叫作"热量转移"。

但到底是什么导致这普遍而又古老的风暴现象呢？地球的表面被太阳加热，使得低层大气变得比高层大气更温暖。这个气温差——冷空气在上面，热空气在下面——必须通过高层大气不断获得低层大气热量的方法来达到平衡。因此就出现了风暴，降雨成为从低层大气到高层大气热量转化过程的最后一步。有时这种能量转移在一个较小的区域里会变得非常强大，结果就出现了龙卷风。

面对天气，人类没有任何逃脱的渠道。从洞穴生活开始，人类就在与潮湿、大风、寒冷、炎热和风暴等恶劣天气的不断斗争中度过一生，并做出了各种尝试：我们修建房屋、工厂、帐篷来保护自己，同时利用空调和暖气以达到我们更适应的温度。

与此同时，我们也在努力利用不同的天气状况获益。比如说我们依靠降雨来种植作物；我们利用水，风和太阳产生能量。事实上，没有哪种天气对我们的生活没有影响。

更凉爽

更炎热，更直射

73

自制闪电

暴风雨的时候，我们在天空中看见的闪电实际上就是大火花。这些火花是由云层之间的电流或者云层与地面之间的电流流动形成的。只需利用少量的工具，你就可以在家里制造自己的火花（比闪电更小也更安全）。

你需要准备这些

- 一张报纸
- 一块塑料薄膜
- 一个咖啡盒或者其他盒子上的金属盖（小心锋利的边缘）
- 一个朋友

1. 用塑料薄膜包住你的手掌。
2. 用手在报纸上快速地来回摩擦 30 秒钟。
3. 用你另一只手把金属罐的盖子放在报纸的中央。
4. 让你的朋友把手指放在金属盖旁边，你把报纸抬起来。
5. 观察那个小火花！（关掉灯，你会发现它看起来特别像闪电！）

当你摩擦报纸的时候，你向它充了静电；当你的朋友碰到盖子时，电流释放了出来，它通过报纸传向了盖子（电流可以轻易穿过金属）。闪电其实就是更高规模的这种电火花。

确保它被
煮熟……

改变气压

还有一个"极限鸡蛋"的天气实验。我们知道龙卷风的疾风可以摧毁很多东西，但是它们带来的低气压也同样可以造成很大的危险。这里有一个简单的方法可以让我们体验气压突然下降的危害。

你需要准备这些

- 一个剥了皮的煮熟的鸡蛋
- 一个杯口部分比鸡蛋略小一点的玻璃杯（比如一个苹果汁的瓶子）
- 三四根火柴
- 一个帮忙的大人

1. 让大人帮你把火柴点燃，然后放入瓶子里。
2. 把鸡蛋放在瓶口顶部，让尖顶的一头向下，这样它就可以完全堵住瓶口。
3. 仔细观察将要发生的一切！

　　一声闷响——鸡蛋被拉进了瓶子中！这是怎么发生的呢？首先，点燃的火柴加热了瓶子里的空气，在燃烧的时候用光了里面的氧气；当火柴熄灭时，空气逐渐冷却，使得瓶子里的气压降低，但是外面的气压仍保持不变——鸡蛋就掉进了瓶子里。

　　在发生龙卷风的时候，如果气压骤降只发生在一栋建筑的一头，而另一头没有变化，那么对建筑会造成极大的危害：可以导致屋顶和墙壁向内坍塌，就和鸡蛋被拉进瓶子里面的现象一样。

一声闷响

龙卷风、飓风和其他极端天气

能够出现在新闻头条里的天气一般都是极端的天气情况：热浪或冷风、暴雨滑坡、特大暴风雪或者危险的龙卷风。

我们平时所遭遇的特大降水（雨、雪或冰雹），究其原因是在一个时间段里同时发生了众多事情。首先，在空气里出现了大量可凝结的水蒸气——水蒸气越多，降雨量就越大。另一个因素就是大气层的不稳定。还记得吗？大气层总是在尝试达到自我均衡——在高温和低温之间，在高气压和低气压之间达到平衡。比如说，当低气压统治下的一个温暖区域遇到高气压笼罩下的一个寒冷区域时，很多平衡工作迅速地开展起来——这就导致了极端天气。每一种形式的极端天气都有自己的特殊成因，并会产生不同的后果。

龙卷风是一种快速旋转的直立中空管状气流，强风围绕着一个面积较小的低压区域迅速旋转。龙卷风易发生在猛烈的暴风雨中，一股强热空气盘旋直上，同时将更多的空气从下方吸入。快速旋转的气流形成了一个漏斗直连地面。龙卷风的漏斗宽度从几码到两英里（3000米）不等。它可以横扫一英里（1500米）到几十英里的地面范围。最快风速可达到每小时300英里（约500千米）。当龙卷风过境时，气压的骤降

暴风雨
2～8千米

龙卷风
1千米

76

会带来摧毁一切的力量。龙卷风通常不会持续很长时间，可能几分钟就会过去，但是也有持续几个小时的情况。

飓风是一个圆形的低压区，其成因是风暴系统在低压区周围的聚集，比龙卷风中心的低压区要大很多。飓风通常形成在夏末时分的低纬度海面上，此时这些海域的温度达到了最高点（海水的温度提供了驱动飓风的动力）。飓风的风雨可以延展至成百上千英里，但最具破坏力的地方是风眼周边十几英里的范围。飓风风速每小时可达 125 英里（200 千米），并伴随着惊人的降雨量，破坏力极强。被飓风推在前面的巨大水墙被称为风暴潮。

暴风雨包括强降雨、暴风与雷电。暴风雨有时也伴随着冰雹。当水蒸气在一定高度以上结冰时，就会形成大的冰块而不是冰晶降落到地表。冰雹有时候看起来很奇怪，因为下冰雹的时候地面通常比较温暖！冰雹的尺寸小的如豌豆，大的如垒球，在任何地方降落下来都能造成很大的破坏。

飓风
15 ～ 150 千米

77

全球变暖和酸雨

全球变暖

你可能听过"全球变暖"这个词语，从字面意思来看，它好像是在说整个地球系统——包括我们的大气层——都在变暖。

全球变暖也许是由一些特定气体（尤其二氧化碳）排放量的增加所导致的，它们被排放到我们的大气层中。二氧化碳的排放源主要是工厂、车间和燃油汽车。

造成全球变暖的二氧化碳和其他气体被称作温室气体，因为它们使得大气层与温室非常像。温室是指一个由玻璃构成的房间，太阳的能量可以从中穿过并使房间内部温暖起来。太阳射线可以穿过房间，但是

太阳的一部分热量被挡在了里面无法向外扩散，因此温室里面的空气比外面温度更高。如果你曾经在晴朗的一天进入一辆炎热的车里，你就感受过这种温室效应：当一辆密闭的汽车被放在阳光下一整天，里面的空气就会不断升温却又无法散到外面去，这就是为什么车内温度会比车外高出许多。

温室气体就像是车里的玻璃窗一样，让太阳的射线可以进入其中，却挡住了热量向外消散。因此，地球就不断变暖。我们称之为温室效应。大气中的固体（比如灰尘、煤烟、烟灰等）污染同样可以让温室效应加剧。温室效应不一定都是坏事——如果大气不能帮助我们保持一定的从太阳那里得到的温度，我们就会被冻死！但是当我们人类向大气中排放了太多的温室气体和污染物，我们的夏天就会变得越来越炎热。当海洋变热的时候，极地的冰山就会融化——除非我们减缓或者停止这个过程——最终，上升的海平面会将城市吞没变成海洋。

原来这就是温室效应

全球变暖也导致了天气的诸多变化。我们将会在一些地方遭受更多的旱灾（干旱），而另一些地方降雨量会明显增多。

酸　雨

我们已经知道人类的活动可以产生很多环境问题，比如全球变暖。当然还有许多其他的问题需要我们去了解，我们必须首先去了解这些问题才能够更好地解决它们。

酸雨就是这些问题之一。我们知道当汽油燃烧时会将气体排放到大气中去，就会引起全球变暖。但是与此同时，降雨也会受到一定的影响。这些气体（如 SO_2）在云层中间溶解的时候会改变云层中水的化学成分构成，使它变成酸性。

当这些云层化作降雨，它就会对地面造成影响。酸雨通常来说不至于伤害人类，但是随着时间的推移，它会逐渐腐蚀掉暴露在外面的物体——比如说雕塑。更麻烦的是，当酸雨落入湖泊或小溪时，它会改变水质，使它难以甚至不可能支持一些动植物继续生存。减少汽油的燃烧量有利于缓解酸雨以及全球变暖问题。

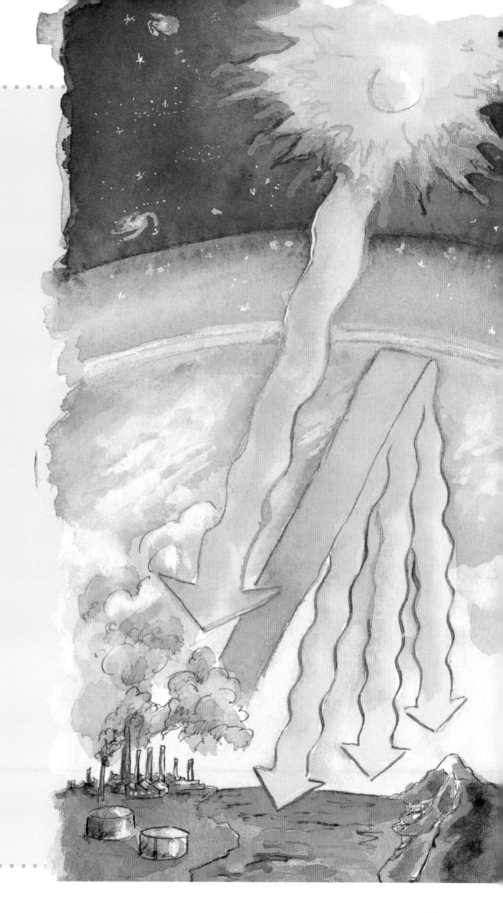

飘然远去

让我们踏上一个远上云霄的旅程，去看看周围的情况有什么变化吧。这只能是一个虚拟旅程，因为如果我们不做好防护措施就去尝试，我们很可能在到达距离地面几千米之前就已经奄奄一息了。因为那里实在太冷！

找一个风和日丽的夏日，准备开始我们的旅程，此刻外面的气温大概是 70 华氏度（20 摄氏度）。我们注意到的第一个变化就是，当我们越升越高时，气温开始逐渐降低——我们会感到越来越冷。这是因为地球最直接的热量来源就是地球表面，由于那里能吸收太阳射线，热量会逐渐攀升。因此，我们离地球表面越近就会感到越温暖。

让我下去！

过不了多久，大约到 8000～10000 英尺（2400～3000 米）的高度，我们开始穿过云层。我们可以看到那些蓬松的，被称作积云的云朵。不仅可以近距离看到它们，而且还能感觉到它们的湿度！正如我们所知道的那样，我们已经进入数百万的小水珠中间。

越来越
可怕了……

一旦穿过了积云，继续攀升，我们就会感到有些呼吸困难，心跳也会随之变快。这是因为空中的氧气比我们开始旅程时所呼吸到的氧气明显少了很多。和我们需要食物来补充能量一样，我们需要呼吸氧气来生存。如果这不是一次虚拟旅程，我们需要一个补充氧气装置以确保我们在 12000～15000 英尺（大约 3650～4570 米）的高度有足够的氧气可以呼吸。

现在我们到达了高度大约为 30000 英尺（9100 米），或是大约 6 英里（10 千米）的地方——这里的温度总是很低。突然间，我们闯入了另一种云层的底部。因为这云层是如此寒冷，水蒸气已经冷冻成冰。这层云叫作卷云。与之前的小水珠不同，这次我们碰见的是一片片的小冰晶。

当我们穿越卷云继续向上攀升，空气里的氧气就会更加稀薄，而且周围会变得特别寒冷——温度大概在零下 100 华氏度（零下 73 摄氏度）左右！气压也会比地面低很多，这会对我们的内脏造成严重伤害。另一个伴随我们的行程所产生的巨大变化（不论我们是否注意到）是日光的照射量。射线在这个高度上非常强烈，我们很快（实际不需要一分钟）就会被晒伤。我们的旅程在大约四万八千多英尺（15000 千米）处结束。这里大气稀薄，几乎没有氧气、二氧化碳或水蒸气。幸好这个旅程只是假设的。

风的力量

几个世纪以来人类都在利用风的力量：海洋上的微风帮助人类实现了环游世界的梦想；几百年来，风车帮助人类磨碎包括玉米在内的各种粮食；近些年来，又开始运用风力涡轮机帮助人类发电。

风轮机看起来很像一个巨大的风车。我们之前已经学过，可以利用流水来发电。与此相似，风轮机是用风力来发电。

风能，1492 年

风能，1800 年

风能，1992 年

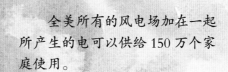

全美所有的风电场加在一起
所产生的电可以供给 150 万个家
庭使用。

风轮机的外形令人印象深刻。它们可以高达
350 英尺（107 米），并有两到三个长约 165 英尺（50
米）的桨叶。当风吹起，桨叶会转动起来，带动下面
发动机里的机器开始发电。风轮机可以转到风吹来的
方向，桨叶也可以做些调整以达到最快转速。

与一个燃烧化石燃料的普通发电厂相比，风
轮机产生的能量要少很多。风轮机在风电场中
成群出现，有时达到成千上万个。它们在一
起运转能够产生比单独一个风轮机大得多
的能量。

风电场最大的优点，在于它们依靠的
是可以再生的资源——风是用之不竭的。
同时它们不会制造任何污染。

但是它们也有一些缺点：一些
人抱怨风轮机有较大的噪声，同时
它们看起来也有碍美观。更大的问
题是，它们只能在风比较大的地方
工作，而且要有很多个风轮机在一
起的时候才能发动足够的能量供人
使用。

风能，今天

小小探索家

自制风轮机

想看看风轮机是如何发电的？可能比你想象的要简单很多呢。

你需要准备这些

- 一个有固定桨叶的螺旋桨（你可以在风车上或者玩具直升机上找到它。你也可以在玩具商店里单独买一个这样的螺旋桨。）
- 一根长约 2 英尺（60 厘米）的圆杆（粗细要可以插入一根饮水用的吸管里。）
- 一颗钉子
- 一根饮水用的吸管
- 一条长约 3 英尺（1 米）的线
- 一个体形比较小的、重量很轻的玩具，比如一个人偶

1. 让父母帮助你用钉子把螺旋器安装在圆杆的一端。确保它非常牢固，这样螺旋器只有在你转动圆杆时才能旋转。
2. 将圆杆穿过吸管。
3. 把线的一头绑在圆杆的另一端。
4. 把线另一头绑在你的玩具上。

螺旋桨

钉子

吸管

圆杆

人偶

5. 现在你可以利用风力让吸管中的圆杆转动起来。这会使得线慢慢在圆杆上缠绕，并将玩具朝向你缓慢升高。(你可能需要多试几个玩具以便找到一个轻到能用涡轮机拽动起来的。)虽然提起一个小玩具用不了多大劲儿，但玩具毕竟不能自动升起——因此你需要借助风力。现在你已经制成了一个同大型涡轮机一样原理的小型涡轮机，而且用的是可再生资源——风力，同时没有产生任何污染。

咻！

他飞起来了！

臭氧层

臭氧空洞是另一个由于我们人类活动导致的问题。臭氧层是距地面 15 英里（24 千米）的高空的一个氧气层，能够保护我们免受太阳射线的伤害，就如同在高空自然形成的一层防晒霜。

自从 30 年以前，每当 10 月份，南极的臭氧层就会出现一个空洞。由于南极几乎无人居住，因此这一问题没有对人类造成太大的伤害。但如果这个空洞进一步扩大，其范围就会延伸至人类生活的区域，使当地居民直接暴露在太阳的有害射线之下。这一方面可能导致灼伤，另一方面也可能导致更严重的问题，如皮肤癌。

好消息是世界各国正联合起来解决这一问题。臭氧空洞被认为是由泡沫聚苯乙烯、气雾喷管、冰箱以及灭火器等产品中使用的化学物质导致的。当这些化学物质释放到大气中，会分解臭氧层中的臭氧。因此，许多制造商已经开始利用其他方法制造上述产品，以便减少被释放到空气中的有害化学物质。

来自太阳的能量和其他能量

我们已经学到能量的生产有多么重要，同时我们也学到有时能量的生成会破坏环境。放眼未来，科学家们以及其他相关组织正致力于探寻环保型能源，水力与风力发电就是其中的两个代表，当然也有其他例子。

太阳产生许多能量，没有它的照射我们便无法生存。太阳能电池——收集太阳能的巨大面板，可以将光能转化为电能。它们被安装在日光充裕的地方，例如屋顶，可以成为诸如烧开水等日常使用的优质能源。太阳能电池板也用于外太空的卫星上。但是光能也有其局限性，即太阳能电池产生的电能量少且难于保存。

核电站利用特殊科技，通过复杂的物理反应产生能量。这一过程只需要少量燃料便可产生大量的能量：约两磅（1千克）的燃料足以产生等同于2000吨的煤产生的能量！并且核能不像化石燃料那样产生污染——当然，使用不当时也会发生危险；同时，有害（有毒）的核废料很难被安全处理。即便如此，许多人仍然认为，我们的未来取决于是否能够找到一种更安全有效利用核能的办法。

地球表面以下的岩石通常是炽热的，地热发电站利用这些热能产生能量。利用这种方法生成的能量可以被用来采暖或制造驱动发电机的蒸汽。但这个方法只能用于距地表较近的地热资源——深度不能超过两英里（3千米）。冰岛就是一个广泛利用地热发电的国家。

世界属于我们

好了，现在我们已经抵达此次环球旅行的终点。我们走过冰冻的南极、潮热的热带雨林、幽深莫测的大海以及九霄云外的高空——氧气消失的地方，在这期间我们也看到了许多有趣的事物与现象。

我们已经了解到动物与植物之间如何进行互动，以及周边的大气如何影响我们。同时，我们也学到了各种形式的能量以及我们如何仰仗它们得以生存。但最重要的是，我们看到了我们这个星球沧海桑田的变化，以及这些变化对于我们未来生活的意义。随着我们对这个浩瀚美丽的星球的认识不断加深，我们更加意识到要采取行动来保护我们的地球，这是为了我们自己，也是为了我们的子孙后代。不论是植树种草、修理漏水管道，还是搭车出行，抑或是关闭不看的电视机，我们可以采取各种各样简单易行的行动来保护我们共有的家园。

那么，让我们充分运用所有学到的知识，广泛传播世界之奇妙以及呵护地球的方法。要记住，再微小的行动也可能带来巨大的改变！只要我们共同努力，就一定能够确保地球成为人类生存繁衍的永远的乐土！

从我做起

15 种简单易行的
节能环保方法

1. 离开房间的时候关灯。

把我关掉!

2. 确保父母将家里的洗碗机设为节能模
式。更好的做法是：当碗不是很多
时手动清洗，并自然晾干。

3. 电脑用毕要关机。虽然电脑的能耗很低，但
日积月累起来也是一个大数字。

4. 没人看的时候要将电视机关掉。对于收音
机也是如此。

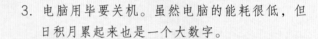

5. 放弃吹风机! 尽量让你的秀发自然风干。

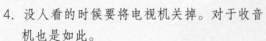

6. 下次你帮父母下厨时，烧水的时候想着盖锅盖。
这能使水开得更快，同时节省能量。

7. 充分利用冰箱空间! 当里面的东西冷却后，能够帮着维持冰箱的
冷却，这样能够节省为了保持低温所需的能源。(但也不能把东西
塞得过满，这样会阻碍冰箱内部空气的正常流动。)

8. 试着让家人养成习惯，只有在洗衣机与烘干机填满衣物的时候才使用，而不要在只有几双袜子、一条裤子时就使用。这样可以节水，同时也能节能。

9. 房间没人时不要使用暖气或空调——将房门关好，并提醒父母将这些房间的暖气／冷气通风口关闭。天气不太热的时候尽量用风扇。天气不太冷的时候多穿几件毛衣，不开暖气。

10. 绿色出行！让父母在高速公路上使用巡航控制以保持稳定速度——频繁地加速减速会加大燃油消耗。在城市中低速开车也能够省油。

11. 帮助你父母的汽车维持正常的胎压，这能使车辆行驶过程中降低油耗。

12. 不要将无用的东西放在车内或后备箱中。汽车负载着这些东西行驶也费油。

13. 在天气炎热时，有一个意想不到的省油方法：将车窗摇起，并打开空调！有研究表明，强风吹进车窗会降低车速，消耗比开空调更多的汽油。

14. 在学校或其他建筑内，使用楼梯而不是乘坐电梯。这样不仅节能，而且也有利于你保持体形！

15. 使用节能的荧光灯泡。这种灯泡与其他灯泡相比，虽然贵一些，但是能节省 75% 的电能，并能延长 10 倍左右的使用寿命——这意味着，从长期来看，你既省了钱，又节了能。

附录：智者之词

你在本书中学到的所有新词

气压：大气对与其所接触的物体所施加的压力。

两栖动物：生命早期时生活在水中，靠鳃呼吸，之后转移到干燥陆地上靠肺呼吸的动物。

贫瘠：用于描述不肥沃、土壤层薄，动植物难以生存的土壤。

地下蓄水层：地表以下存续水分的地方。

大气：构成空气的气体总和，主要是氮气与氧气。

鸟类：一种恒温动物，卵生，有喙，全身覆盖羽毛。

肉食动物：以其他动物为食的动物。

气候：大气物理特征的长期平均状态。

冷凝：水由气态转化为液态的过程。

针叶林：树上长满针刺状树叶且一年常绿的森林。

环保主义者：致力于保护地球上植物、动物以及其他自然资源的人。

大陆冰原：在冰河时期由极地延展至赤道的大面积冰层。

收成：农民种的作物或牧民饲养的动物所收获的成绩。

洋流：地球上海洋内部从一个地方转移到另一个地方的大规模水流运动，有时会将暖流带向寒地，反之亦然。

落叶林：林中树木的树叶每年都脱落的森林。

沙漠化：类沙漠环境向非沙漠地区的扩展。

干旱：长期的干燥天气。

生态环境：环境与在该环境中生存的生物总和。

电力：由微小带电粒子产生的能量。

侵蚀：地表缓慢磨损的过程，使得一个地区不再适合生命生存。

乙醇：一种由谷物或其他有机原料生成的燃料，有时被用于驱动汽车。

汽化：水由液态转化为气态的过程。

常绿树：终年常绿的树林，如针叶林中的树木。

灭绝：指一种植物或动物在地球上永远消失。

沃土：适合作物生长的肥沃的土地。

鱼类：在水中生存的、用鳃获得所需氧气的冷血动物。

淡水：几乎不含任何盐分的水，例如湖泊、河流、溪流与池塘中的水。

发电机：能够利用可动部分产生电力的机器。

地热发电站：利用地表以下炽热岩石产生电力的发电站。

全球变暖：至少部分原因是由于人类活动导致的地球气候变暖。

温室效应：来自太阳的热量被地球地表吸收，而地表反射的波热能被大气

所拦截吸收。

地下水：地球表面以下找到的水资源。

栖息地：某种植物或动物通常生存的地方。

冰雹：从云层中掉下的冰块，通常在雷雨天气时发生，即便地面的

温度很高。

食草动物：以植物为食的动物。

飓风：暴风系统聚集在低压区域周围时所形成的圆柱状低压区域。

冬眠：动物在冬季到来时的长眠。这能使它们免受严寒天气的伤害，并且能够在食物缺乏的状态下节省能量消耗。

混合动车：车借由汽油与电池的组合来驱动。

冰河时期：冰层覆盖地表大部分地区的时期。

水利工程：将水引至干旱地区供作物生长以及维持日常生活的工程。

垃圾填埋站：将垃圾掩埋在土层之下的场所。

纬度：用来衡量地球南北两侧与赤道距离的单位。纬度越高，离赤道越远。

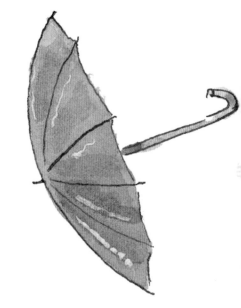

哺乳动物：胎生、用乳汁喂养后代的恒温动物。

公共交通：为了更快速更经济地运送大量的人而设计的交通手段。

软体动物：身体柔软没有脊柱的、通常生活在硬壳中的动物，如蚌或蜗牛。

核电站：利用特殊科技将原子分裂以产生电力的发电站。

杂食动物：同时以植物和动物为食的动物。

浮游生物：一类非常微小（有时肉眼无法看见）的、在水中漂浮的植物或动物。

光合作用：植物利用水、二氧化碳以及阳光制造碳水化合物（糖分）的过程。糖分成为植物的食物，同时氧气被释放到大气中。

污染物：弄脏土地、空气或水源的废物。

降水：伴随暴风降下的水分，如雪、雨或冰雹。

捕食者：捕食其他动物（它的猎物）的动物。

可再生资源：不会被用尽并且可以自然生成的资源，如阳光或水资源。

热带雨林：在赤道附近降雨量巨大的浓密森林。植物在这里常年生长，世界上一半以上的动植物种类可以在此被发现。

爬行动物：一种冷血动物，全身覆盖有鳞片或坚甲，靠肺呼吸。

水库：拦洪蓄水和调节水流的水利工程建筑物，可以用来灌溉、发电、防洪和养鱼。

盐度：水中含盐量的度量。

海平面：海与岸边交界的地方——是度量山脉高度与大海深度的基准线。

太阳能电池：将太阳能转化为电力的装置。

物种：一组具有某种共同特征的植物或动物。

静电：一种在物体中积蓄，而不是在物体中流动的电荷。

风暴潮：由飓风推动起的极具破坏力的海水之墙。

郊区：建在市区周边的小社区。

地表水：地球表面的水源，如溪流与湖泊。

暴风雨：伴随暴雨、强风与闪电的天气。

龙卷风：由在低压地区高速旋转的强风所生成的直立中空管状的气流。

有害物质：对人类、植物、动物或地球有害的物质。

风电场：多个风力涡轮机聚集起来共同工作产生能量的地方。

风力涡轮机：类似风车一样的大型风力发电机。

图书在版编目（CIP）数据

　　Easy! 给孩子讲环境 /（美）迈克尔·德里斯科尔，（美）丹尼斯·德里斯科尔著；（美）梅瑞迪斯·汉密尔顿绘；苏笑怡译 . -- 武汉：长江少年儿童出版社，2018.8

　　书名原文：A Child's Introduction to the Environment

　　美国通识教育课外读本

　　ISBN 978-7-5560-8589-7

　　I. ① E… II. ①迈… ②丹… ③梅… ④苏… III. ①环境保护 - 少儿读物 IV. ① X-49

　　中国版本图书馆CIP数据核字（2018）第163210号

美国通识教育课外读本

Easy! 给孩子讲环境

原　　著	（美）迈克尔·德里斯科尔　（美）丹尼斯·德里斯科尔
插　　图	（美）梅瑞迪斯·汉密尔顿
译　　者	苏笑怡
责任编辑	李　虹　单定平
封面设计	小　贾
出版发行	长江少年儿童出版社
电子邮件	hbcp@vip.sina.com
经　　销	新华书店湖北发行所
承 印 厂	北京美图印务有限公司
规　　格	889×1194
开本印张	12开　8印张
版　　次	2018年8月第1版　2018年8月第1次　印刷
书　　号	ISBN 978-7-5560-8589-7
定　　价	78.00元
业务电话	(027) 87679179 87679199
网　　址	http://www.hbcp.com.cn

如有印装质量问题，请与印刷厂联系调换